云原生中台架构开发与运维

陈韶健◎著

清華大学出版社
北京

内容简介

本书基于云原生技术规范和中台架构设计理念，设计了一个具有前台应用、中台应用和后台应用的简单应用平台实例，通过该实例演示使用 Spring Boot 开发框架、Spring Cloud 工具套件和 Vue.js 前端开发框架等工具的开发过程。此外，以该实例为主导，在部署过程中通过使用 Docker 进行容器化处理，使用 Kubernetes 进行集群发布管理以及使用 Jenkins 进行自动化构建等方法，实现快速迭代和持续交付。阅读本书，读者可以完整体验运用云原生技术和中台架构设计进行应用开发、测试和快速部署的整个过程。

本书分为 8 章，内容包括云原生概念，中台架构设计，后台应用、中台应用、前台应用开发实例讲解，应用容器化实施，容器集群管理，自动化测试，自动化部署和快速迭代实施等。

本书主要面向 Java 开发者，适合使用 Spring Boot 开发框架、Spring Cloud 工具套件和 Vue.js 开发框架的开发者，微服务和中台架构的设计者，使用 Docker、Kubernetes、Jenkins 等工具的云计算运维人员以及云原生产品测试和设计人员等。

图书在版编目(CIP)数据

云原生中台架构开发与运维/陈韶健著. —北京：清华大学出版社，2021.10
ISBN 978-7-302-59023-1

Ⅰ. ①云…　Ⅱ. ①陈…　Ⅲ. ①云计算—系统开发　Ⅳ. ①TP393.027

中国版本图书馆 CIP 数据核字(2021)第 179339 号

责任编辑：闫红梅
封面设计：刘　键
责任校对：徐俊伟
责任印制：刘海龙

出版发行：清华大学出版社
网　　址：http://www.tup.com.cn，http://www.wqbook.com
地　　址：北京清华大学学研大厦 A 座　　**邮　　编**：100084
社 总 机：010-62770175　　**邮　　购**：010-83470235
投稿与读者服务：010-62776969，c-service@tup.tsinghua.edu.cn
质量反馈：010-62772015，zhiliang@tup.tsinghua.edu.cn
课件下载：http://www.tup.com.cn，010-83470236
印 装 者：三河市天利华印刷装订有限公司
经　　销：全国新华书店
开　　本：185mm×260mm　　**印　　张**：11.5　　**字　　数**：287 千字
版　　次：2021 年 10 月第 1 版　　**印　　次**：2021 年 10 月第 1 次印刷
印　　数：1～2000
定　　价：49.90 元

产品编号：091623-01

前言

随着云计算技术及其相关服务的发展，众多企业都希望其产品能够快速上云，并快速走向成熟、持续发展，以适应市场的急剧变化。

随着云计算技术的发展和普及，从服务器托管转变为使用按量计费的基础设施和服务资源，这给持续交付、持续部署和自动扩、缩容提供了更好的条件和支撑环境。在当前的技术氛围中，云原生社区变得非常活跃，因为云原生技术是解决敏捷开发和实现快速部署的"利器"。在云原生技术的基础上，使用中台架构设计，更是一种既能保证系统的稳定和持续发展，又能灵活应变、机动应对、应付多变局面的长远策略。那么，具体使用什么开发工具，如何进行架构设计，怎么组建团队，怎么更好地实现开发和运维的一体化，就成为大家比较关心的问题。

本书基于云原生的技术规范，通过微服务的方式实现中台架构设计和开发，并通过使用Docker、Kubernetes 等容器化技术，充分融合了敏捷开发和快速迭代的过程，从而能够应对众多开发团队目前所面临的窘迫处境。

同时，本书实现了开发与运维的一体化，将理论和实践相结合，为云原生技术和中台架构设计的实施提供了快速落地的捷径。

全书分为 8 章，内容包括云原生概念，中台架构设计，后台应用、中台应用、前台应用开发实例讲解，应用容器化实施，容器集群管理，自动化测试，自动化部署和快速迭代实施等方面。各章的内容简要说明如下。

第 1 章　云原生中台架构设计

介绍了云原生的生态及其中台的概念，并以微服务应用的方式设计了中台架构实例，说明了中台架构的优势和设计原则。

第 2 章　后台微服务开发

使用 Spring Cloud 创建项目工程，介绍 Consul 注册中心及其配置管理中心的使用，并进行后台微服务应用的实例开发讲解。

第 3 章　中台服务中间件开发

使用 Spring Cloud 工具套件进行中台应用的开发实例讲解，并在使用微服务标准协议Restful 的基础上，增加了高性能的 gRPC 协议的开发方法的使用。

第 4 章　前台设计与开发

分别使用 Vue.js 和 Spring Boot 开发框架设计了两个完全不同的前台应用实例，介绍了前端安全访问控制设计和不同协议的接口调用方法。

第 5 章　应用调试与集成测试

介绍了开发过程中使用 Swagger 生成文档和进行单元测试的方法，并说明在完成整体开发后，使用不同环境进行集成测试的方法。

第 6 章　容器化与镜像仓库

介绍了使用 Docker 创建镜像和生成容器的方法，以及如何使用 docker-compose 通过脚本编排部署应用和如何安装和使用私有的镜像仓库。

第 7 章　Kubernetes 环境搭建及应用部署

介绍了如何使用 Kubernetes 进行容器集群的管理，并通过实例平台，详细讲解各个应用的部署及其相关服务的发布过程。

第 8 章　快速迭代与自动化构建

介绍了如何结合代码库和程序设计，使用自动化构建的方法，实现自动部署和自动更新，从而实现快速迭代和持续交付的目标。

本书实例代码可通过扫描下列二维码获得。

源代码

本书配套视频请先扫描封底刮刮卡中的二维码，再扫描书中对应位置二维码观看。

因作者水平所限和时间仓促，书中难免有错漏或不足之处，敬请同行和读者批评指正，不胜感激！

陈韶健

2021 年 6 月

目录

第1章

云原生中台架构设计

在云计算时代，各种资源都可以按需付费使用。云计算，给大家提供了一个可以无限扩展的分布式运行环境。那么，在这个环境之中，要怎么充分利用好云计算资源，怎么使用新的技术和新的工作方法以及怎么提升团队整体的工作效率，就是大家所关心的问题。

本章将基于云原生技术，构建一个具有中台服务模式的由前台应用、中台应用和后台应用所组成的应用中台架构，然后使用这个架构设计，创建一个简单的应用平台实例。

1.1 云原生的概念

云原生(Cloud Native)是基于云端应用设计和开发的技术方法。云原生的概念来源于Pivotal公司的技术产品经理 Matt Stine 所发表的一份简报 *Migrating to Cloud Native Application Architectures*(迁移到云原生应用程序架构)，其电子版可从以下链接中获取。

```
https://tanzu.vmware.com/content/ebooks/migrating-to-cloud-native-application-architectures
```

在这份简报中，Matt Stine 汇集了云原生应用程序体系结构(例如微服务和云原生十二要素等)的独特特征。

云原生十二要素(12-Factor)最早由 Heroku 公司创始人 Adam Wiggins 提出，它是云原生技术的一种标准或规范。它的内容简要说明如下。

◇ 基准代码(Codebase)。一个应用可以用一份基准代码部署多个副本。基准代码和应用之间总是保持一一对应的关系。

◇ 依赖(Dependencies)。在应用中显式声明程序的依赖关系。不要在应用中隐式声明依赖系统级别的类库，而一定是通过依赖清单，明确地声明所有依赖项。

◇ 配置(Configuration)。在部署环境中存储应用的配置。应用的配置文件在不同的部署环境(例如开发、测试和生产环境)中,即使存在大幅度差异,应用的代码也都完全一致。

◇ 后端服务(Backing Services)。后端服务被当作附加资源。后端服务是指程序运行所需要的各种服务,例如数据库、消息队列、邮件发送服务以及缓存系统等。

◇ 构建、发布、运行(Build,Release,Run)。应用的代码被构建,然后和配置结合成为发布版本,在这个过程中应严格区分构建、发布、运行这三个步骤。

◇ 进程(Processes)。以一个或多个无状态进程运行应用。应用的进程必须是无状态且无共享的,任何需要持久化的数据都要存储在后端服务中。

◇ 端口绑定(Port Binding)。应用应该完全自我加载,而不依赖其他任何服务就可以创建一个面向网络的服务。互联网应用通过端口绑定来提供服务,并监听发送至该端口的请求。

◇ 并发(Concurrency)。应用通过进程模型进行扩展。应用的进程主要借鉴 UNIX 守护进程模型,开发人员可以运用这个模型去设计应用架构,将不同的工作分配给不同的进程类型。

◇ 易处理性(Disposability)。应用可以通过快速启动和优雅终止,提供可最大化健壮性。应用的进程是易处理的,它们可以瞬间开启或停止,这有利于快速迭代和实现弹性伸缩,并能迅速部署变更的代码配置,稳健地部署应用。

◇ 开发与生产环境等价(Dev/Prod Parity)。应尽可能地保持开发、预发布和线上环境相同。应用要做到持续部署就必须缩小本地环境与线上环境的差异。

◇ 日志(Logs)。日志被当作事件流。应用本身从不考虑存储自己的输出流,不应该试图去写或者管理日志文件。相反,每一个运行的进程都会直接使用标准输出事件流。在开发环境中,开发人员可以通过这些数据流,在终端实时地看到应用的活动。

◇ 管理进程(Admin Processes)。后台管理任务被当作一次性管理进程运行。一次性管理进程应该和正常的常驻进程使用同样的环境,这些管理进程和任何其他进程一样,使用相同的代码和配置,基于某个发布版本运行。后台管理代码应该随其他应用代码一起发布,从而避免同步问题。

云原生十二要素的详细介绍可通过如下链接访问:

```
https://12factor.net/
```

十二要素为云原生的概念做了很详细的说明。总体来说,云原生就是一种有利于在云计算环境中创建、调试和部署应用的技术方法和规范。这些技术概括起来主要包括下面四个部分。

◇ 容器化。

◇ 微服务。

◇ DevOps。

◇ 持续交付。

其中,容器化是指部署应用的方法,即从传统的使用服务器或虚拟机的方式部署应用转变为使用容器的方式进行部署。容器化为应用的部署提供了不可变服务器实施的一种简便

和快捷的方法，从而让应用的部署和更新变得更加安全和高效。微服务是设计和开发应用的方法。本书中的微服务将使用 Spring Cloud 工具套件进行实施。DevOps(Development 与 Operations)是指应用在开发、运营的过程中，强调多部门的沟通和协作，尽力减少应用部署的影响范围，保证系统平台的稳定和持续发展。持续交付是指可以快速更新上线应用的一种方法，这是实现敏捷开发和快速迭代的一种基本要求。

2015 年，由 Google 公司主导成立了云原生计算基金会(Cloud Native Computing Foundation，CNCF)。自此以后，云原生的技术观念得到了极力推崇，并不断完善和成熟起来，被逐步普及应用于生产实践之中。

基于云原生技术的设计和开发将主要使用微服务实现。而使用微服务开发的应用，可以更加容易地使用 Docker 等工具进行容器化处理，并且更易于使用声明式编排脚本进行服务的发布和部署。在本书中，将使用 Spring Cloud 工具套件来进行微服务的设计和开发；然后使用 Docker 工具将微服务进行容器化处理并生成镜像；最后在 Kubernetes 环境中，通过使用镜像和基于 YAML 格式的脚本对微服务的发布和部署进行编排调度。

本书将假定读者对上述这些开发工具和部署工具有一定的了解，所以不再从基础上做详尽的介绍，只从实战的角度使用云原生技术，在开发和运维的实际工作上进行详细的演示和说明。对于这些工具的基础知识，有兴趣的读者可以从各大社区中了解。

1.2　基于云原生的中台架构设计

一般所说的中台，是指技术中台、数据中台和业务中台等各种服务平台。中台能够整合各种系统资源，形成一种可定制、可复用的机制，以灵活应对业务端的变化，并为业务端提供高效的服务。本书所说的中台架构设计，是指应用平台的一种架构设计方法。中台架构设计由前台、中台和后台三种应用体系组成。这种中台架构的设计方式通过中台来整合后台资源，以灵活应对不同前台的业务需求及其变化，并为前台提供高并发和高性能的服务。

基于云原生的中台架构设计，将使用微服务的实现方式进行应用的设计和开发。所以，在介绍中台架构之前，首先了解微服务设计的发展历程。

1.2.1　微服务设计的发展历程

在最初的设计阶段，微服务是从一个传统的大型单体应用项目中，按业务分类拆分出来的一些小型应用的一种架构设计。这个时期，基本上使用前后端分离的架构设计，如图 1-1 所示。

在这种架构设计中，后端应用从基础资源中存储和读取数据，为前端应用提供接口调用。后端和前端分别由不同的应用组成，可以使用分布式方式部署在不同的机器上，并且可以在物理上完全隔离。在这个阶段的设计中，前后端应用一般使用相同的工具套件(如 Spring Cloud)进行开发，前端应用与后端应用的通信主要通过注册中心在微服务的内部环境中进行。

这种前后端分离的架构，体现出了“高内聚、松耦合”设计原则的优势。但是，这种架构设计还有些不足之处。如果前后端的接口通信过于频繁，会把压力都追加在后端应用上，从

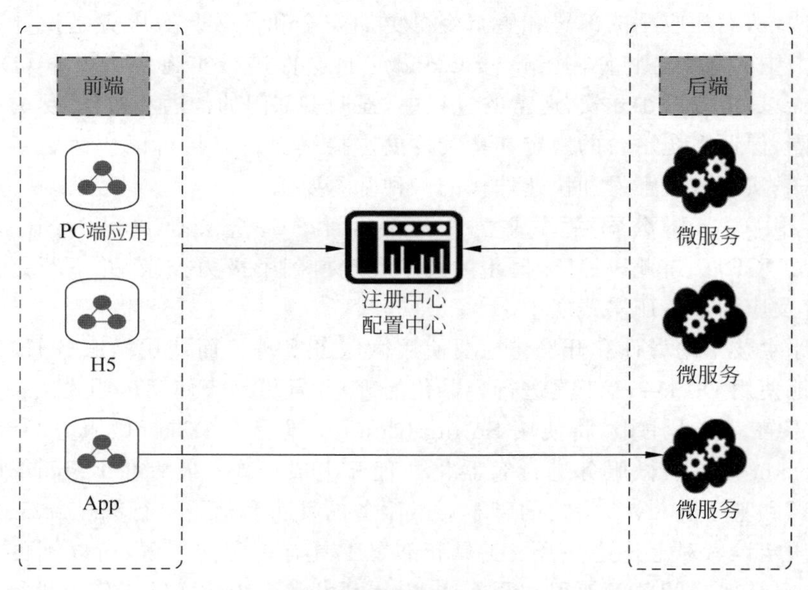

图 1-1　前后端分离的微服务架构设计

而可能引发性能下降的问题。此外，对于一些 App 和第三方应用，由于它们不能通过注册中心与后端服务进行通信，因此加大了后端应用设计的复杂性。于是经过一定的发展，在前后端分离的架构设计中引入了一个网关设计，即进入微服务的第二个阶段的架构设计，如图 1-2 所示。

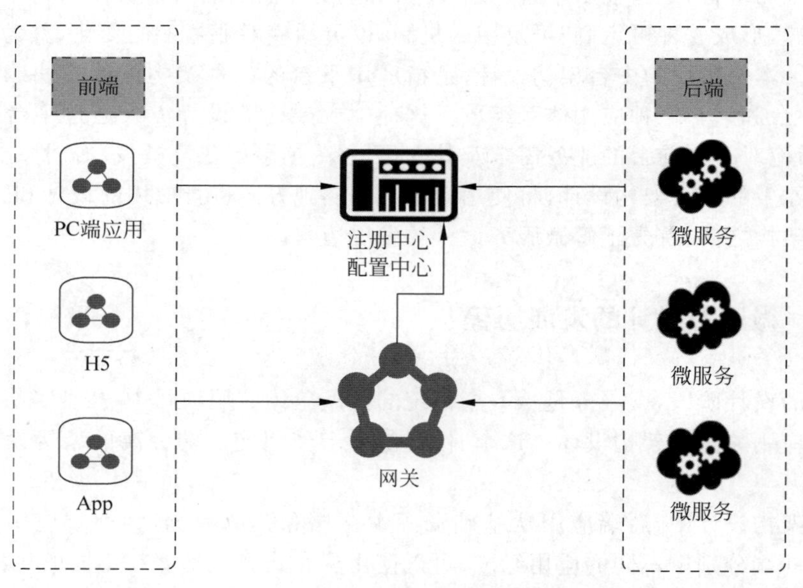

图 1-2　增加网关层的微服务架构设计

在第二阶段的微服务架构设计中，使用了一个网关层，它主要由 Spring Cloud 工具套件中的 Gateway 组件提供。网关只提供接口转接的功能，并不与基础资源打交道，所以从一定程度上缓解了后端应用的压力，提高了程序的并发能力。同时，网关可以为前端 App

和第三方应用提供接口服务。但是网关的功能具有一定的局限性。因为一开始网关的设计只定位在做接口转接上，所以不能提供更多的可扩展设计的空间。网关不能提供数据处理或剪裁的功能，所以要增加一些额外功能时，就会显得有些捉襟制肘，同时在安全访问控制和多接口调用处理的设计中，存在着各种各样的局限性。

于是在网关层的后面，微服务的设计者又加入了一个BFF(Back-end For Front-end)层，即所谓的服务于前端的后端。BFF层可以提供数据重新剪裁处理的功能。例如，对于前端的一个业务请求，可以包含对多个后端服务接口的调用，然后对返回数据进行重新组装，一次性返回给前端调用者。这样，通过使用BFF层就增加了更大的可扩展设计空间。

加入BFF层的微服务架构可以看作是第三阶段的微服务架构设计，如图1-3所示。

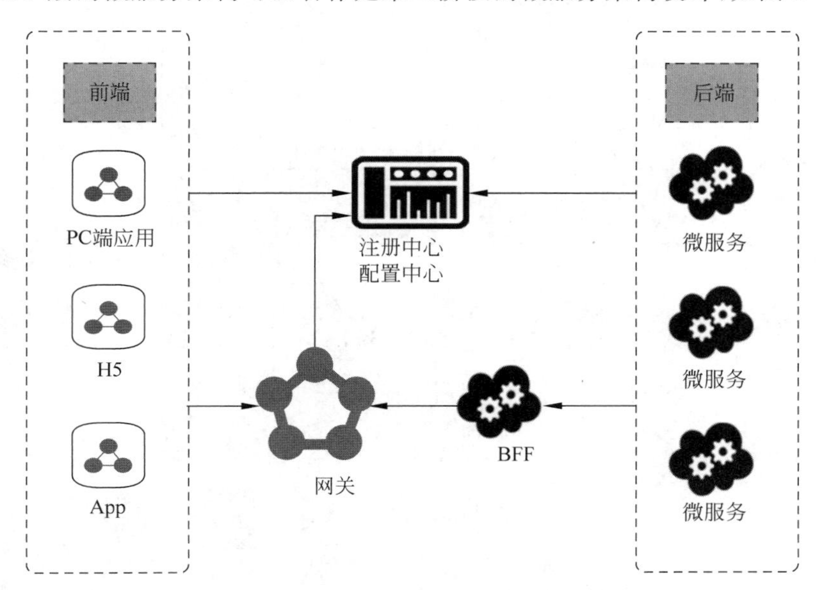

图1-3　加入BFF层的微服务架构设计

这个设计不仅扩充了网关层的功能，也让前后端的边界更加清晰，使前端和后端的设计更具独立性。通过BFF层可以更加自如地增加用户鉴权、故障转移、降级调用、数据的聚合和剪裁等功能。

发展到这个阶段，微服务的架构设计已经趋向成熟，且前端应用可以使用不同的开发框架进行开发，不需要接入注册中心。

上述微服务设计的发展历程的分析也许并不具有概括性，但是通过这一分析，可以加深对接下来将要介绍的中台架构设计的理解。中台架构设计是在应用平台的架构设计中，基于微服务架构设计进行提炼的结果。

1.2.2　中台架构设计模型

中台架构设计是在应用平台的架构设计中，将平台划分为前台、中台和后台三部分应用所组成的体系结构。中台架构设计原则上也是一种微服务架构设计，是微服务设计中进行总体应用划分的一种设计方法。在中台架构设计中的中台应用是一个服务中间件，可以看作是 BFF 层的一种扩展设计。中台应用能起到整合和复用后台应用的资源，灵活应对前台的变化，并能为前台提供高效服务的作用。

针对一个应用平台的中台架构设计的模型如图 1-4 所示。

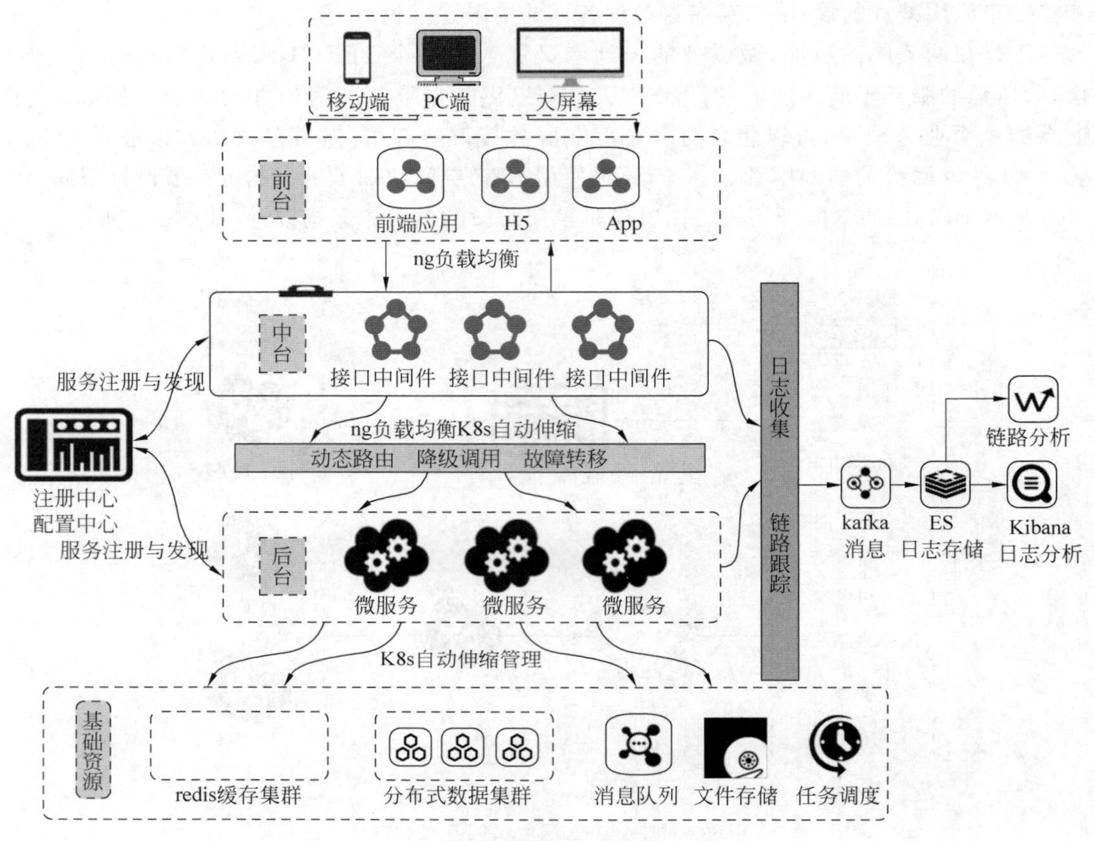

图 1-4 中台架构设计模型

在图 1-4 中，最底层由云计算服务提供了基础设施和基础资源的支持，然后由下到上，分别由后台、中台和前台应用组成。其中，后台应用是以一定业务领域定义的一些独立的微服务，每个微服务处理一定业务范围的数据，例如用户服务、库存服务和订单服务等。中台应用是一个服务中间件，它为前台应用提供各种服务，并按需访问或整合后台应用所提供的接口服务，充当了连接前台应用与后台应用的通信桥梁。中台与后台的对接，在微服务的环境中，提供了动态路由、降级调用和故障转移等机制。前台是一些面向终端用户的应用，例如 PC 端和移动端的应用以及一些第三方的 API 调用等。移动端的应用可以是 App、小程序或者 H5 应用等。

使用中台架构设计，前台应用不再需要连接注册中心，可以使用任何开发语言和设计工具进行开发，真正做到前后台的完全解耦。

在这个架构设计中，对于整个系统平台，还有一些基础服务的中间件，如服务治理、配置管理、任务调度和监控管理等。在云计算的分布式环境中，还可以根据需要提供多层次的负载均衡服务、自动扩缩容管理、日志收集和链路跟踪等服务。

1.3　中台架构设计的特点

中台架构设计是针对云计算环境中的应用平台的架构设计。对于前台、中台和后台的各种应用来说，它具有以下四个特性。

1. 分布式特性

在传统单体项目中的三层架构设计是指在一个项目中，按功能模块划分为表示层、业务逻辑层和数据访问层，各层之间使用接口进行通信，并通过对象模型实现数据交换。显然，这种架构体现了"高内聚、松耦合"的设计原则，从这一点上看，它与中台架构的设计有很大的相似性。中台架构也是遵循这种设计原则，分离出前台、中台和后台应用，应用之间通过接口调用进行通信，数据交换主要使用JSON数据结构来进行。JSON数据结构可以很方便地转换为对象模型进行使用。

但是这两种架构设计还是存在着很大的差异。最明显的差异就是运行环境不同。三层架构设计是在一个单体项目中的模块划分方法，模块之间在程序内部进行通信，跟运行环境没有关系，而中台架构设计是在一个系统平台中，针对多项目、多服务的分布式环境中的架构设计。中台架构设计中的前台、中台和后台都是完全独立的应用，可以发布在不同的服务器中。在某种程度上，可以认为中台架构是三层架构在分布式应用设计中的一种进化模式。这样，中台架构设计也可以叫作三台架构设计。从三层到三台，可以看作是从单体应用到分布式应用的进化和发展。

因为中台架构设计是在分布式环境中的一种在应用层面上的架构设计，所以相对于一个单体项目，它还将涉及单体项目中不可能出现的分布式事务和分布式安全设计等问题，这也正是中台架构设计所要解决的问题。中台应用不但起到通信桥梁的作用，而且也是实现高并发服务的保证。中台应用在保证后台的稳定性和应对前台的多变性中，充当着重要角色。

2. 去中心化特性

在传统的软件开发中，可能经常会接触到数据中心、服务中心等概念。传统的数据库管理系统都是以数据中心的方式提供的，它是一种集中式的数据库管理系统。因为作为数据中心的数据库服务往往只有一至两台服务器，所以为了提高它的性能，需要加强机器的配置，或者使用小型机充当服务器。但是，这种基于物理服务器进行性能提升的方法是有限的。

在中台架构设计中，因为使用了去中心化的设计，所以将不存在数据中心和用户中心等类似说法和做法，不管是资源管理还是应用设计，都应该使用分布式方式进行规划和设计，从观念和实际使用中全面去除中心化。

中台应用并不是为所有的前台应用提供一个包罗万象的服务中心，而是根据不同前台应用及其特别的需求建立相应的中台应用。通过中台应用的方式，整合后台应用接口，为不同类型的前台应用提供对口的服务。

去中心化为每个应用的开发和部署提供了充分的独立性。这种独立性将赋予每个应用更大的可拓展空间。

相比集中式管理对物理服务器的强依赖,去中心化设计所依托的是一个可以无限扩展的分布式环境。

3. 横向扩展特性

在云计算环境中,云原生应用具备可自动伸缩的横向扩展能力。

云计算的分布式资源是一个可扩充、可扩展的设施。使用云原生技术的中台架构设计所创建的应用系统或平台,将依托按需计费的云计算资源和分布式的计算能力,因此具有可无限扩展的特性。

中台架构的每一个应用都是独立的分布式应用。对于资源的分配和应用本身的扩展,都可以在部署的容器中实现集群管理和多层次的负载均衡配置。每个应用的部署副本都能进行自动扩缩容管理,根据应用实例的负载情况,自动增加或减少副本数量,从而适应高并发和大流量的应用场景。

微服务的治理环境具备负载均衡调度策略、服务降级和故障转移等调用机制。容器集群的管理也提供了服务代理和负载均衡服务。所以云原生应用在分布式环境中,将可以得到多层次的压力分流和管控,从而提供更加稳定、可靠和高性能的服务。

4. 服务组装特性

中台架构中的中台应用是连接后台与前台的桥梁,并根据前台的请求,访问一个或多个后台服务,然后再将访问结果取得的数据传递给前台,同时也接收前台提交的数据,分别调用后台服务进行数据保存或更新等操作。

不同类型的业务端将由不同的中台应用提供服务。前台的需求是多变的,后台的服务是相对稳定的,所以可以充分利用中台应用设计的灵活性,应对一些需求变化所引起的变更。

基于服务中间件的地位,中台应用具有一种服务组装的特性。也就是说,中台应用将根据不同类型的前台应用及其不同的请求,对后台的接口服务进行整合和组装,然后提供对口而高效的服务。

在中台应用设计中,最基本的是基于 Restful 协议的标准接口服务,除此之外,还将可能提供高速的 RPC 接口服务、高性能的 gRPC 接口服务或者基于 TCP/IP 协议的 Socket 通信接口服务和 Netty 服务等。对于一种特定协议的前台应用,将可以通过中台应用设计,整合后台资源,提供相应的服务。

1.4 中台架构的可扩展设计

中台架构的可扩展设计主要体现在中台应用的设计中。中台应用在为前台提供高并发和高性能的服务过程中,还可以在安全管理和分布式事务管理中进行一些扩展设计,从而为多样化的前台提供更加丰富的服务。

1.4.1 中台架构的安全管理设计

中台应用的服务接口最终会暴露在互联网环境中,所以在中台应用的接口设计中,必须

具备安全管理策略及其相关的设计。首先，接口的链接请求必须使用 SSL 数字证书认证，即使用基于 HTTPS 协议的方式进行访问。使用 SSL 数字证书认证可以保证接口访问不会被恶意用户非法截取。其次是用户访问控制设计，这是安全管理策略的一个最基本的设计。对于涉及需要数据保护的接口访问，都必须经过用户认证后才能获取相应的授权。

如果是第三方应用的接口调用，就可以使用确定请求来源、身份确认、超时限制、数据加密和使用数字签名等多种管控措施相结合的方式进行安全管理设计。

在安全管理设计中，涉及敏感数据的操作记录也非常重要。如修改个人账户流水和系统关键配置数据等操作行为，可以配合后台的调用，保存用户的操作记录，以备查证。

另外，对于防跨站请求伪造和防攻击方面的安全设计，在中台应用的设计中，也能起到安全防护的作用。

1.4.2　中台应用分布式事务设计

在传统的数据库设计中，事务管理一般使用 ACID 模型，即强一致性模型，这种模型简要说明如下。

◇ 原子性(Atomicity)：事务是一个不可分割的操作单元，一个事务中的所有操作要么全部完成，要么全部不完成。

◇ 一致性(Consistency)：在事务开始或结束时，数据的完整性必须保持一致。

◇ 隔离性(Isolation)：一个事务的执行不能被其他事务所干扰，即多个并发的事务之间必须相互隔离。

◇ 持久性(Durability)：一个事务提交后，它的数据改变将被写入非易失的存储系统中。

在应用开发的事务管理中，主要关注事务的原子性和一致性，即在一个事务的操作流程中，保证整个流程能够完成或者全部回退，但不管是完成操作还是回退操作，都必须保证数据的完整性始终一致。隔离性和持久性一般交由数据库管理系统处理，对于一些事务要求较高的设计，可能会使用读写锁等方式进行锁定处理。

在微服务设计中，因为应用使用分布式方式发布，一个事务的数据可能存在于多个不同的应用之中，因此在事务管理中，不能达到强一致性的要求。针对这种情况，在分布事务管理中，已经有成熟的理论体系和解决方法，比较被认可的是 CAP 理论和 BASE 理论。

CAP 理论是指：

◇ Consistency：一致性。

◇ Availability：可用性。

◇ Partition tolerance：分区容错性。

BASE 理论是指：

◇ Basically Available：基本可用。

◇ Soft State：软状态(中间状态)。

◇ Eventually Consistent：最终一致性。

一个分布式应用的事务最多只能同时满足 CAP 理论中的两项。在分布式应用的事务设计中，选择 BASE 理论的最终一致性原则，即数据允许在一定时间内存在不一致的情况，只要最终能保证一致即可。也就是说,数据的一致性不强调实时同步,可以进行异步处理。

在中台应用的事务管理设计中,也使用最终一致性原则进行分布式事务设计。这种设计主要体现在以下四个方面。

◇ 使用按步骤顺序执行的方法处理事务。当一个操作涉及多个应用的接口调用时,尽量根据数据的更新次序进行调用。当在串行调用的某个环节出现故障时,逐步回退每一个操作。例如,在购物中涉及库存和订单两个后台服务的调用,即首先调用库存服务进行减库存操作,然后调用订单服务生成订单。如果在生成订单时出现错误,则进行事务回退,再调用一次库存服务进行增加库存的操作,这样就达到了保证数据最终一致性的要求。这种方法虽然不能达到完全实时的数据同步,但是也已经很接近强一致性的要求。

◇ 使用异步多线程进行延时事务处理。对于某些应用场景,为了实现高并发调用,可以将数据同步交给异步多线程进行处理,即首先满足用户请求,再交由后台进行延时数据同步处理。

◇ 使用异步消息方式处理分布式事务。使用消息通知方式处理分布式事务,是分布式事务处理中比较常用的方法,不过这种处理方式必须保证消息的幂等性原则,即同一消息只能接收一次处理结果。

◇ 使用缓存方式定时保证数据同步。使用缓存也是数据最终一致的一种处理方法,但是时延比较长,只适用于对实时性要求不是很高的场景。

1.4.3 前台应用的多样化设计

前台应用的设计具有多样化特性。从面向的终端来说,有 PC 端应用、大屏幕显示屏、移动端应用和物联网对接等;从移动端的应用类型来说,有 Android、iOS、小程序、单页 H5 应用和生态平台的程序对接等;从开发语言和框架来说,有 Node. js、React. js、Angular. js、Vue. js、Spring Boot 和 PHP 等。

不管是哪种前台应用设计,针对不同的应用类型,将由与之对应的中台应用提供支持和服务,即体现出前台变化多端、中台灵活应对、后台稳定发展的设计规则。

1.5 中台架构应用平台实例设计

本书提供了一个简单的基于中台架构设计的应用平台实例,实例中包含了前台应用、中台应用和后台应用的设计。

1.5.1 实例项目代码结构

实例项目按开发顺序分为后台应用项目、中台应用项目和前台应用项目。其中,后台应用项目 cloud-backend 包括两个应用,分别为模块 backend-goods 中设计的商品服务应用和模块 backend-user 中设计的用户服务应用。模块 backend-client 提供了对接后台服务接口的功能。中台应用项目 cloud-middle 也包括两个应用,分别为模块 middle-grpc 中设计的中台 gRPC 服务和模块 middle-rest 中设计的中台 Restful 服务。middle-proto 模块是一个 ProtoBuf 服务定义模块。前台应用项目由 front-vue 和 front-spring 组成，它们分别为 Vue. js 框架设计和 Spring Boot 框架设计的前台应用。

实例项目的代码结构如表 1-1 所示。

表 1-1 实例项目代码说明表

项 目	类 型	模 块	功 能
cloud-backend	后台应用项目	backend-client	后台接口客户端
		backend-goods	商品服务应用
		backend-user	用户服务应用
cloud-middle	中台应用项目	middle-grpc	中台 gRPC 服务
		middle-proto	ProtoBuf 服务定义模块
		middle-rest	中台 Restful 服务
front-vue	前台应用项目	无	Vue. js 框架设计的前台应用
front-spring	前台应用项目	无	Spring Boot 框架设计的前台应用

1.5.2 实例项目中应用的调用关系

实例项目中的前台、中台和后台都分别有两个应用，组成了两套应用体系。第一套应用体系是由前台应用 front-vue 调用中台应用 middle-rest，再由中台应用 middle-rest 调用后台应用 backend-user 的用户服务。第二套应用体系是由前台应用 front-spring 调用中台应用 middle-grpc，再由中台应用 middle-grpc 调用后台应用 backend-goods 的商品服务。

1.6 小结

一个系统平台的架构设计关系到产品和市场规模的未来发展状况，同时它也与开发及其运维息息相关。所以，确定一个架构设计必须站在技术的前沿，高瞻远瞩，展望未来，才能拓展平台的发展空间，提高其生命力。一个好的设计将有助于提高敏捷开发的程度以及产品更新和迭代的速度，从而推动产品生态的建设和运营业绩的发展。

第2章

后台微服务开发

本章将使用 Spring Cloud 工具套件进行后台微服务应用的开发。在这个开发过程中，将使用两个微服务应用项目：用户服务项目和商品服务项目。为了省略开发过程，实例中忽略数据库存取操作方面的设计，只使用数据对象模型模拟一些测试数据，这样更加容易上手，从而更好地理解整体的架构设计。实例的其他方面的设计是相对完善的，包括接口服务、接口文档以及接口的客户端调用策略和降级机制调用策略等。

按前言提供的方法获取实例代码，然后打开后台应用项目 cloud-backend。本项目由三个模块组成，说明如下。

◇ backend-client：后台应用接口客户端。

◇ backend-goods：商品服务应用。

◇ backend-user：用户服务应用。

这里推荐使用 IntelliJ IDEA 开发工具，以便获得更好的体验。

2.1 使用 Consul 注册中心

下面开始进行微服务开发。在开发环境中，必须有一个微服务的注册中心，由注册中心提供服务注册与服务发现的功能。

Spring Cloud 工具套件中的注册中心 Euraka 已停止更新，它与专业的注册中心相比缺乏竞争力。所以对于注册中心的选择，本书实例将使用一个更加专业的第三方工具 Consul，它在配置和集群的设置上会更加灵活、易用，并且其本身还带有配置管理中心的功能。本书实例假设在生产环境中，最终将使用 Kubernetes 进行微服务的发布和更新，所以为了保持开发环境与生产环境的一致性，同样将使用 Consul 建立微服务的注册中心及其配置管理中心的相关服务。不同的是，在生产环境中，Consul 将以集群的方式进行安装和配置；而在开发调试的过程中，使用一个单独的 Consul 服务即可。

Consul 工具可以通过如下链接免费下载使用。

```
https://www.consul.io/downloads.html
```

打开链接之后，根据操作系统选择安装包进行下载。下载解压后，可以在命令窗口中使用如下指令以开发模式的方式启动 Consul。

```
consul agent -dev -ui -node=cy
```

启动 Consul 之后，就可以通过如下链接使用浏览器打开其控制台。

```
http://localhost:8500
```

如果在开发环境中需要保存应用的配置信息，也可以使用适用于生产环境的指令进行启动，如下所示。

```
consul agent -server -bind=127.0.0.1 -client=0.0.0.0 -bootstrap-expect=1 -data-
dir=/Users/apple/consul_data/application/data/ -node=server -ui
```

这条指令中，/Users/apple/consul_data/application/data/为本地保存配置信息的路径，可以根据开发使用的实际情况进行配置。为了方便以后的启动，也可以将该指令稍加改动保存到一个启动文件中。例如，在 Mac OS 中可以保存为 start_consul.sh，文件内容如下所示。

```
nohup consul agent -server -bind=127.0.0.1 -client=0.0.0.0 -bootstrap-expect=1 -
data-dir=/Users/apple/consul_data/application/data/ -node=server -ui &
```

以上指令中的 6 个参数简要说明如下。

◇ -server：表示是以服务端身份启动。

◇ -bind：绑定服务的 IP 地址。

◇ -client：指定客户端访问的 IP 地址，0.0.0.0 表示不限定客户端访问。

◇ -bootstrap-expect：指定 server 集群最低节点数，通常集群节点数为奇数，方便 master 选举。Consul 采用的选举是 raft 算法。

◇ -data-dir：指定配置数据的本地存放路径。

◇ -node：指定节点在 Web UI 中显示的名称。

有关 Consul 的集群安装，在后续章节中将针对不同环境进行相关介绍。Consul 的文档及其他使用说明和帮助，有兴趣的读者可访问其官网查看。

在微服务开发调试的过程中都将使用注册中心，所以在进行开发之前，都可以启动 Consul，让其处于备用状态。

2.2　后台应用开发

在后台微服务的设计中，本书实例提供了两个微服务应用项目：用户服务项目和商品服务项目。这两个项目的业务较为简单,为了方便演示,在实例代码中把它们放在同一个项目工程中的不同模块中。注意,在实际的生产开发中,不建议这样做,必须做到一个应用使用一个项目工程。

从实例代码中打开后台微服务项目 cloud-backend。项目根目录中的项目对象模型 pom.xml 的基本依赖配置如下所示。

```
<?xml version="1.0" encoding="UTF-8"?>
<project xmlns="http://maven.apache.org/POM/4.0.0"
         xmlns:xsi="http://www.w3.org/2001/XMLSchema-instance"
         xsi:schemaLocation="http://maven.apache.org/POM/4.0.0
http://maven.apache.org/xsd/maven-4.0.0.xsd">
    <modelVersion>4.0.0</modelVersion>
    <parent>
        <groupId>org.springframework.boot</groupId>
        <artifactId>spring-boot-starter-parent</artifactId>
        <version>2.3.2.RELEASE</version>
        <relativePath/>
    </parent>
    <groupId>com.demo</groupId>
    <artifactId>cloud-backend</artifactId>
    <packaging>pom</packaging>
    <version>1.0.0-SNAPSHOT</version>
    <modules>
        <module>backend-user</module>
        <module>backend-goods</module>
        <module>backend-client</module>
    </modules>
    <name>backend</name>
    <description>后端微服务</description>

    <properties>
        <java.version>1.8</java.version>
        <spring-cloud.version>Hoxton.SR8</spring-cloud.version>
    </properties>

    <dependencies>
        <dependency>
            <groupId>org.springframework.cloud</groupId>
            <artifactId>spring-cloud-starter</artifactId>
        </dependency>

        <dependency>
            <groupId>org.springframework.boot</groupId>
            <artifactId>spring-boot-starter-actuator</artifactId>
        </dependency>

        <dependency>
            <groupId>org.springframework.boot</groupId>
```

```
                <artifactId>spring-boot-starter-test</artifactId>
                <scope>test</scope>
                <exclusions>
                    <exclusion>
                        <groupId>org.junit.vintage</groupId>
                        <artifactId>junit-vintage-engine</artifactId>
                    </exclusion>
                </exclusions>
            </dependency>
        </dependencies>

        <dependencyManagement>
            <dependencies>
                <dependency>
                    <groupId>org.springframework.cloud</groupId>
                    <artifactId>spring-cloud-dependencies</artifactId>
                    <version>${spring-cloud.version}</version>
                    <type>pom</type>
                    <scope>import</scope>
                </dependency>
            </dependencies>
        </dependencyManagement>

        <build>
            <plugins>
                <plugin>
                    <groupId>org.apache.maven.plugins</groupId>
                    <artifactId>maven-compiler-plugin</artifactId>
                    <configuration>
                        <source>${java.version}</source>
                        <target>${java.version}</target>
                    </configuration>
                </plugin>
                <plugin>
                    <groupId>org.apache.maven.plugins</groupId>
                    <artifactId>maven-surefire-plugin</artifactId>
                    <configuration>
                        <skipTests>true</skipTests>
                    </configuration>
                </plugin>
            </plugins>
        </build>
    </project>
```

在这个项目对象模型的配置项中，有以下6点说明。

◇ 指定 Spring Boot 的版本为 2.3.2.RELEASE，后面模块中与 Spring Boot 相关的组件引用将自动寻找适配的相关版本。

◇ 指定 Spring Cloud 的版本为 Hoxton.SR8，后面模块中与 Spring Cloud 相关的组件

引用会自动寻找适配的相关版本。

◇ 指定 Java 版本为 1.8，在程序编译和打包时都将使用这个版本。

◇ 设定项目的 groupId 为 com.demo，在后面类定义中的包结构将使用这个前缀。

◇ 设定项目的版本为 1.0.0-SNAPSHOT，需要开始新版本的开发时，可以设定新的版本号，并使用新的分支来保存代码。

◇ 引用了 spring-boot-starter-actuator 依赖，它将为 Consul 提供健康检查的支持。如果缺少这个依赖，健康检查将不能通过。也就是说，将会导致服务注册失败。

在本书实例中所使用的 Spring Cloud 项目，都将使用类似这个项目对象模型的依赖配置作为一个微服务项目的基本配置。所以在后面的项目中，如果没有其他特殊要求，将不再另做说明。

2.2.1 用户服务开发

在项目工程 cloud-backend 中，打开模块 backend-user，这是用户服务的应用项目。它的项目对象模型 pom.xml 的配置引用了 Consul 的两个依赖，代码如下所示。

```
<dependency>
    <groupId>org.springframework.cloud</groupId>
    <artifactId>spring-cloud-starter-consul-discovery</artifactId>
</dependency>

<dependency>
    <groupId>org.springframework.cloud</groupId>
    <artifactId>spring-cloud-starter-consul-config</artifactId>
</dependency>
```

其中，spring-cloud-starter-consul-discovery 为服务注册与发现的相关组件依赖，spring-cloud-starter-consul-config 为应用配置管理中心的服务组件依赖。

引用了 Consul 的服务组件后，就可以在应用的配置文件 bootstrap.yml 中设置连接注册中心和配置管理中心的配置，代码如下所示。

```
spring:
  application:
    name: backend-user-service
  cloud:
    consul:
      host: 127.0.0.1
      port: 8500
      discovery:
        prefer-ip-address: true
        # 60s 不能通过检查剔除服务
        health-check-critical-timeout: 60s
        serviceName: ${spring.application.name}
        healthCheckPath: /actuator/health
```

```
        healthCheckInterval: 15s
        tags: urlprefix-/${spring.application.name}
          instanceId: ${spring.application.name}:${vcap.application.instance_id:${spring.application.instance_id:${random.value}}}
      #程序配置管理中心
      config:
        enabled: true #默认是 true
        # watch 选项为配置监视功能,改变监视配置以更新程序配置
        watch:
          enabled: true
          delay: 10000
          wait-time: 30
        format: YAML # Consul 配置文件的格式共有 4 种类型:YAML、PROPERTIES、KEY-VALUE和 FILES
        data-key: data #Consul 配置文件目录名称,默认为 data
        defaultContext: ${spring.application.name}
```

对于这个应用配置,注意事项和说明如下。

◇ host 和 port 是连接 Consul 服务器的参数设定,因为在开发环境中把 Consul 安装在本地机器上,所以 host 指向 127.0.0.1,即本地机器 IP 地址。

◇ prefer-ip-address 设为 true,指定使用 IP 地址的方式注册服务。

◇ healthCheckPath 为健康检查的路径,将由 spring-boot-starter-actuator 提供健康检查服务。

◇ 为了保证 instanceId 的唯一性,使用服务名称+服务 ID 地址+随机数的形式进行设定。

◇ 有关连接配置管理中心的设置基本上都使用默认配置。其中,指定配置管理中心的文件格式为 YAML 递归缩写的形式,这与应用中所使用的配置格式是一样的。

◇ data-key 指定配置文件目录的名称,即使用 config/<服务名称>/data 格式进行设置。例如,针对用户服务的配置文件路径为 config/backend-user/data。

需要注意的是,连接 Consul 的配置必须在配置文件 bootstrap.yml 中进行设置,这个配置文件将比应用的配置文件 application.yml 具有更高的优先级。

应用配置文件 application.yml 可以用来设置应用的端口号、连接数据库服务等。对于这个项目,只需要在这个配置文件中设置如下配置项,即指定应用所使用的端口号。

```
server:
  port: 9011
```

为了在应用中启用服务注册与发现的功能,必须在项目的入口程序 UserApplication 中增加一个注解@EnableDiscoveryClient,完成之后的代码如下所示。

```
package com.demo.backend.user;

import org.springframework.boot.SpringApplication;
```

```
import org.springframework.boot.autoconfigure.SpringBootApplication;
import org.springframework.cloud.client.discovery.EnableDiscoveryClient;

/**
 * User Service
 * @author bill
 * @date 2020-09-29
 */
@SpringBootApplication
@EnableDiscoveryClient
public class UserApplication {
    public static void main(String[] args) {
        SpringApplication.run(UserApplication.class, args);
    }
}
```

经过上述一些配置和入口程序的设置，用户服务应用已经可以与 Consul 注册中心建立连接，即实现了服务注册与发现的功能。

接下来，将在用户服务应用中创建一个用户信息查询的接口服务。

在用户服务项目中，创建一个用户服务接口的控制器设计 UserController，通过这个控制器设计就可以提供用户信息查询的接口服务，程序设计代码如下所示。

```
package com.demo.backend.user.controller;


import com.demo.backend.client.utils.MessageMapper;
import com.demo.backend.client.vo.UserVo;
import org.springframework.web.bind.annotation.*;

/**
 * 用户服务
 * @author bill
 * @since 2020-09-29
 **/
@RestController
@RequestMapping("/user")
public class UserController {

    /**
     * 查询用户信息
     */
    @RequestMapping(value = "/getUserInfo", method = RequestMethod.GET)
    public Object getUserInfo (@RequestParam("userName") String userName) {
        try {
            //数据查询
            UserVo userVo = new UserVo();
            userVo.setId("123456");
```

```
            userVo.setName("查询名字");
            userVo.setSex("男");
            userVo.setPhone("13500001234");
            userVo.setAddr("南山区软件开发基地");
            userVo.setPhoto("../../static/images/c1.png");
            return MessageMapper.ok(userVo);
        }catch (Exception e){
            return MessageMapper.error(e.getMessage());
        }
    }
}
```

这段代码提供了一个 getUserInfo()方法，它用来在执行用户查询时返回用户信息。这里的设计省略了数据查询的操作，只使用数据对象 UserVo 设置了一个模拟数据。在数据返回对象中，通过使用 MessageMapper 进行了信息封装，并使用 MessageMapper.ok()方法将数据对象存入返回信息的结果集中。MessageMapper 是一个自定义的返回信息封装类，包含了返回结果短语和数据集合。在返回结果短语中，如果成功，则返回 code 为 200，并且提示操作成功，否则返回失败的相关信息。

用户数据对象 UserVo 的设计如下所示，各个字段的属性都标明了中文注释。

```
package com.demo.backend.client.vo;


import io.swagger.annotations.ApiModelProperty;
import lombok.Data;

import java.io.Serializable;

@Data
public class UserVo implements Serializable {

    private static final long serialVersionUID = 5244051781774832268L;

    @ApiModelProperty("编号")
    private String id;

    @ApiModelProperty("姓名")
    private String name;

    @ApiModelProperty("性别")
    private String sex;

    @ApiModelProperty("手机号")
    private String phone;

    @ApiModelProperty("地址")
    private String addr;
```

```
    @ApiModelProperty("图片")
    private String photo;

    @ApiModelProperty("用户名")
    private String userName;

    @ApiModelProperty("密码")
    private String password;

}
```

需要注意的是,程序中使用了 Lombok 组件,并引用了 Lombok 的注解@Data,这样程序生成时,将会根据字段属性自动生成 Setter 和 Getter 各个方法,也会生成缺省构造函数。

中文注释使用 Swagger 组件的注解@ApiModelProperty 进行设置,这将在 Swagger 的接口文档中生成相关对象的说明文档。有关 Swagger 文档的功能将在后面章节进行详细说明。

2.2.2 商品服务开发

商品服务的设计跟用户服务的设计很相似,只是返回的数据不同,其代码在项目 cloud-backend 的模块 backend-goods 中。其中,注册中心及其配置的设置与用户服务中的设置差不多,这里不再另做说明。

下面介绍商品服务中提供的对外接口的实现,即商品服务控制器 GoodsController 的定义,代码如下所示。

```
package com.demo.backend.goods.controller;


import com.demo.backend.client.utils.MessageMapper;
import com.demo.backend.client.vo.GoodsVo;
import com.demo.backend.client.vo.UserVo;
import org.springframework.web.bind.annotation.RequestMapping;
import org.springframework.web.bind.annotation.RequestMethod;
import org.springframework.web.bind.annotation.RequestParam;
import org.springframework.web.bind.annotation.RestController;

/**
  * 商品服务
  * @author bill
  * @since 2020-09-29
  **/
@RestController
@RequestMapping("/goods")
public class GoodsController {
```

```
    /**
     * 查询商品信息
     */
    @RequestMapping(value = "/getGoodsInfo", method = RequestMethod.GET)
    public Object getGoodsInfo(@RequestParam("name") String name) {
        try {
            //数据查询
            GoodsVo goodsVo = new GoodsVo();
            goodsVo.setId("123456");
            goodsVo.setName("面包");
            goodsVo.setPrice("3.60");
            goodsVo.setSums(45);
            goodsVo.setImage("../images/c2.png");
            return MessageMapper.ok(goodsVo);
        }catch (Exception e){
            return MessageMapper.error(e.getMessage());
        }
    }
}
```

在这个控制器设计中，定义了一个商品查询接口服务，即通过 getGoodsInfo()方法返回商品数据。这里的商品数据的查询也省略了数据库的操作，提供了一个模拟数据并通过商品数据对象模型 GoodsVo 进行展示。

数据对象 GoodsVo 的实现代码如下所示。

```
package com.demo.backend.client.vo;


import io.swagger.annotations.ApiModelProperty;
import lombok.Data;

import java.io.Serializable;

@Data
public class GoodsVo implements Serializable {

    private static final long serialVersionUID = 5244051781774832268L;

    @ApiModelProperty("编号")
    private String id;

    @ApiModelProperty("品名")
    private String name;

    @ApiModelProperty("价格")
    private String price;

```

```
    @ApiModelProperty("数量")
    private int sums;

    @ApiModelProperty("图片")
    private String image;

}
```

这段代码定义了一个简单的商品对象，该对象具有编号、品名、价格、数据和图片属性字段。同样地，这里使用Lombok组件生成对象的缺省构造函数和Setter、Getter等方法。至此，在两个后台应用中都提供了接口服务的功能。2.3节将通过Swagger工具说明接口文档的生成及其如何进行单元测试。

2.3 接口文档及其测试

应用程序的接口开发完成后，必须有一个接口说明文档，才能让接口调用者对接口所接收的参数和返回对象有一个清晰的理解和认识。在后台应用的实例中，接口文档是通过使用Swagger工具生成的。

Swagger组件的依赖引用统一在cloud-backend项目的模块backend-client中进行配置。因为这个项目中的用户服务模块和商品服务模块都将会引用这个模块，所以统一在一个模块进行配置，可以减少多重配置的重复操作。

打开模块backend-client的项目对象模型pom.xml配置，可以看到其中引入Swagger组件的依赖引用如下所示。

```
<dependency>
    <groupId>io.springfox</groupId>
    <artifactId>springfox-swagger2</artifactId>
    <version>2.9.2</version>
</dependency>
<dependency>
    <groupId>io.springfox</groupId>
    <artifactId>springfox-swagger-ui</artifactId>
    <version>2.9.2</version>
</dependency>
```

引用Swagger组件后，如果要启用Swagger文档的功能，就必须创建一个配置类，通过配置类进行相关设置。

例如，在模块backend-user的用户服务应用的设计中，Swagger的配置类定义如下。

```
package com.demo.backend.user.configs;

import org.springframework.context.annotation.Bean;
import org.springframework.context.annotation.Configuration;
```

```
import springfox.documentation.builders.ApiInfoBuilder;
import springfox.documentation.builders.PathSelectors;
import springfox.documentation.builders.RequestHandlerSelectors;
import springfox.documentation.service.ApiInfo;
import springfox.documentation.spi.DocumentationType;
import springfox.documentation.spring.web.plugins.Docket;
import springfox.documentation.swagger2.annotations.EnableSwagger2;

@Configuration
@EnableSwagger2
public class Swagger2Config {

    @Bean
    public Docket buildDocket() {
        return new Docket(DocumentationType.SWAGGER_2)
                .apiInfo(buildApiInfo()).select()
                .apis(RequestHandlerSelectors.basePackage("com.demo"))
                .paths(PathSelectors.any())
                .build();
    }

    private ApiInfo buildApiInfo() {
        return new ApiInfoBuilder()
                .title("用户服务")
                .description("接口文档")
                .version("1.0")
                .build();
    }

}
```

这段代码指定需要设置 Swagger 文档的相关类定义的包前缀为 com.demo，同时设定文档标题为“用户服务”，在 description 中填写描述说明，在 version 中指定文档的版本号。

接下来，在提供接口文档说明的程序中，可以根据需要插入 Swagger 工具的文档注解，这样在程序运行时，即可生成相关文档。Swagger 的一些常用注解及说明如表 2-1 所示。

表 2-1　Swagger 常用注解及说明

注　解	适用类型	说　明
@Api	类	标识类为 Swagger 资源，设定文档说明
@ApiOperation	方法	方法及返回值说明
@ApiParam	方法	参数字段说明
@ApiModel	类	对象模型参数说明
@ApiModelProperty	方法	对象模型字段属性说明
@ApiIgnore	方法	忽略这个方法
@ApiImplicitParam	方法	单独的请求参数
@ApiImplicitParams	方法	包含多个@ApiImplicitParam

例如，在用户服务应用的接口定义的控制器 UserController 中，通过加入 Swagger 的注解@Api 和注解@ApiOperation 来生成相关的文档。控制器 UserController 插入注解后的代码如下所示。

```
package com.demo.backend.user.controller;


import com.demo.backend.client.utils.MessageMapper;
import com.demo.backend.client.vo.UserVo;
import io.swagger.annotations.Api;
import io.swagger.annotations.ApiOperation;
import org.springframework.web.bind.annotation.*;

/**
 * 用户服务
 * @author bill
 * @since 2020-09-29
 **/
@RestController
@RequestMapping("/user")
@Api(value = "用户服务", tags = "用户服务 API")
public class UserController {

    /**
     * 查询用户信息
     */
    @RequestMapping(value = "/getUserInfo", method = RequestMethod.GET)
    @ApiOperation(value = "用户信息查询", response = UserVo.class)
    public Object getUserInfo(@RequestParam("userName") String userName) {
        try {
            //数据查询
            UserVo userVo = new UserVo();
            userVo.setId("123456");
            userVo.setName("查询名字");
            userVo.setSex("男");
            userVo.setPhone("13500001234");
            userVo.setAddr("南山区软件开发基地");
            userVo.setPhoto("../../static/images/c1.png");
            return MessageMapper.ok(userVo);
        }catch (Exception e){
            return MessageMapper.error(e.getMessage());
        }
    }
}
```

这段代码中，在 UserController 类定义前面，使用注解@Api 说明该类的服务类型。其中，通过 value 设定文档的内容为“用户服务”，通过 tags 设定文档的说明项为“用户服务API”。在 getUserInfo()接口方法中，使用注解@ApiOperation 生成文档说明。其中 value 设定接口方法的说明为“用户信息查询”，response 设定返回类型是一个对象模型 UserVo。

使用 Swagger 进行相关配置后，启动应用程序，就可以使用 Swagger 所提供的 UI 页面 swagger-ui.html 在浏览器中查看应用的接口文档。例如，对于后台项目的用户服务应用来说，通过运行应用主程序 UserAplication 启动应用后，即可通过如下所示的链接打开 Swagger 文档页面。

```
http://localhost:9011/swagger-ui.html
```

打开页面后，不但可以查看接口文档的说明，还能对接口调用进行单元测试，接口文档如图 2-1 所示。

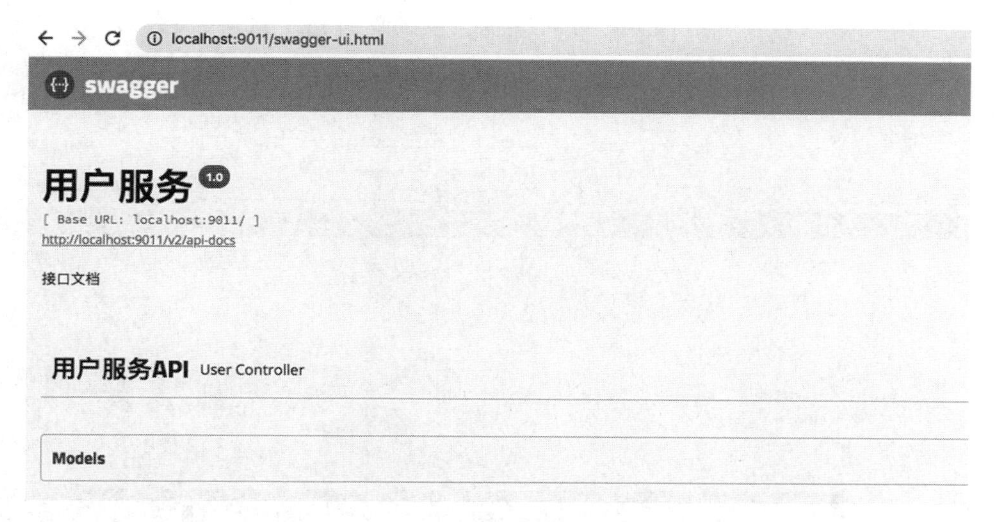

图 2-1 用户服务接口文档

在图 2-1 中，单击“用户服务 API”选项，展开用户服务接口方法列表。在接口方法列表中，单击/user/getUserInfo 条目，展开其文档说明页面。在这个页面中，可以看到接口的输入参数和输出结果说明，如图 2-2 所示。

在图 2-2 中，单击屏幕右上角的 Try it out 按钮，开始对该接口进行单元测试，如图 2-3 所示。

在图 2-3 中输入接口测试的参数，然后单击 Execute 按钮执行查询操作，执行结果如图 2-4 所示。

从图 2-4 中可以看到返回的消息体及其结果集。其中，code 为 200，message 为“操作成功”，result 为 UserVo 结果集的 JSON 结构形式的数据。

在 2.2.1 节的用户对象模型定义中，使用 Swagger 的文档注解为各个字段属性标注了说明文档，因此单击图 2-1 中的 Models 选项即可打开 UserVo 对象模型的文档说明，如图 2-5 所示。

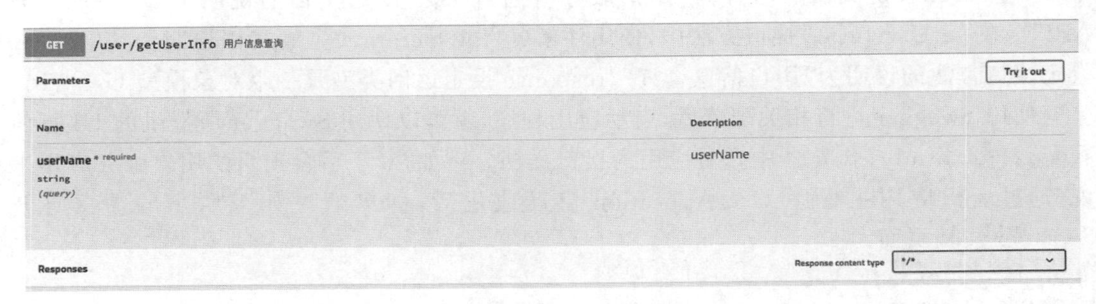

图 2-2 getUserInfo 接口文档

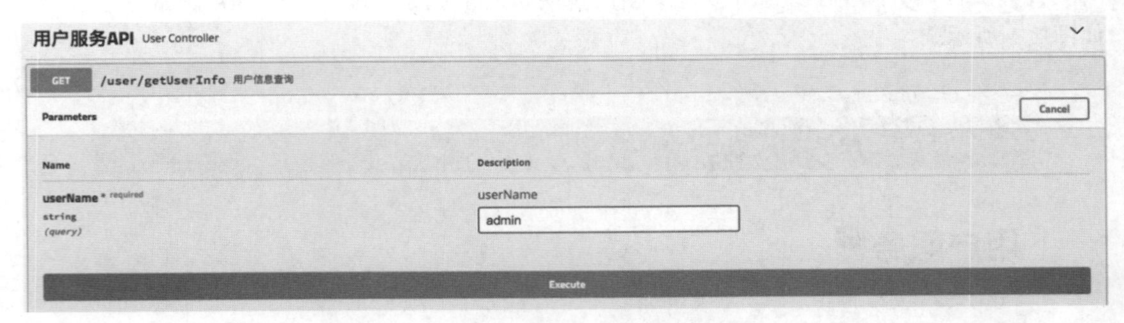

Server response

Code	Details
200	Response body


```
{
  "code": 200,
  "message": "操作成功",
  "result": {
    "id": "123456",
    "name": "用户名字",
    "sex": "男",
    "phone": "13500001234",
    "addr": "南山区软件开发基地",
    "photo": "../../static/images/c1.png",
    "userName": "admin",
    "password": "$2a$10$j7j5zhHZgTzVEE3my/pkjOTL.cx.egCtsZMyfqKz./06yB0yuzPk6"
  }
}
```


Response headers

```
connection: keep-alive
content-type: application/json
date: Mon, 23 Nov 2020 06:37:16 GMT
keep-alive: timeout=60
transfer-encoding: chunked
```

图 2-4 getUserInfo 测试结果

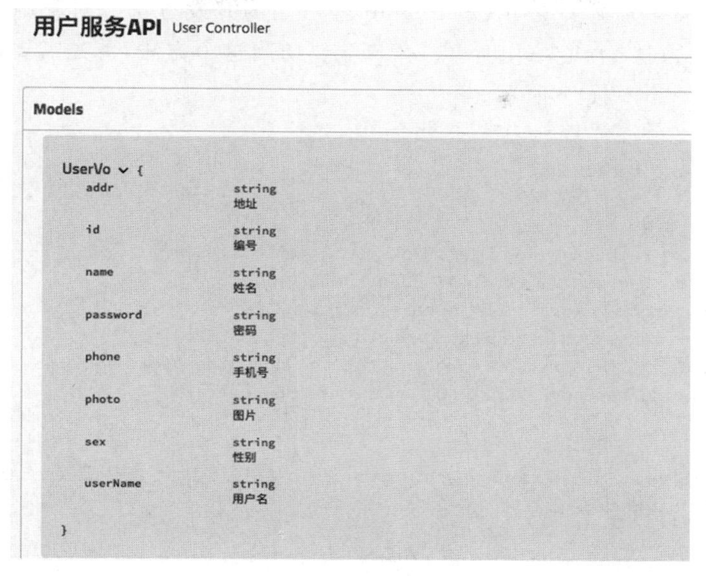

图 2-5 用户对象模型 UserVo 文档

2.4 后台服务接口客户端设计

完成服务接口开发后，为了方便客户端的调用，可以在项目 cloud-backend 的模块 backend-client 中，提供对实例中的后台应用的两个服务的客户调用程序。这样，调用者只要在项目的依赖引用配置中引用模块 backend-client，就可以使用这个模块所提供的功能，通过客户端调用程序来调用用户服务和商品服务所提供的接口。

Spring Cloud 工具套件中提供了一个接口调用组件 OpenFeign。可以在模块 backend-client 的项目对象模型 pom.xml 的配置中，加入这个组件及其相关组件的依赖引用，代码如下所示。

```
<dependency>
    <groupId>org.springframework.cloud</groupId>
    <artifactId>spring-cloud-starter-openfeign</artifactId>
    <version>2.2.4.RELEASE</version>
</dependency>

<dependency>
    <groupId>org.springframework.cloud</groupId>
    <artifactId>spring-cloud-starter-netflix-zuul</artifactId>
</dependency>
```

在上面的引用配置中，另一个组件 Zuul(spring-cloud-starter-netflix-zuul)的引用是配合组件 OpenFeign 所需要的，它提供了接口调用时动态路由管理的功能，同时通过它还将引用到 Ribbon 组件，Ribbon 组件提供负载均衡的调度。

下面以用户服务为例来说明 OpenFeign 客户端的开发方法。对于用户服务的接口调用,只有一个接口方法 getUserInfo()。客户端要访问这个方法,首先需要创建一个接口程序 UserClient,程序代码如下所示。

```
package com.demo.backend.client.feign;


import com.demo.backend.client.fallback.UserClientFallback;
import com.demo.backend.client.utils.MessageSet;
import org.springframework.cloud.openfeign.FeignClient;
import org.springframework.web.bind.annotation.RequestMapping;
import org.springframework.web.bind.annotation.RequestMethod;
import org.springframework.web.bind.annotation.RequestParam;


@FeignClient(value = "backend-user-service", fallback = UserClientFallback.class)
public interface UserClient {

    @RequestMapping(value = "/user/getUserInfo", method = RequestMethod.GET)
    MessageSet getUserInfo(@RequestParam("userName") String userName);

}
```

这段程序中,在接口上使用了注解@FeignClient,通过这个注解指定客户端调用的服务名称为 backend-user-service,还指定故障转移的回退方法将在 UserClientFallback 中实现。接着在接口中声明了一个 getUserInfo()方法,通过这个方法就可以实现对用户服务所提供的接口请求链接/user/getUserInfo 进行访问。在这个方法的定义中,指定请求的方法为 GET,输入参数为 userName,返回结果为一个消息集合 MessageSet。

对于上述回退方法的实现,需要创建一个服务类 UserClientFallback,以处理 UserClient 调用出现异常时故障转移及其降级调用的相关设计。回退方法的实现代码如下所示。

```
package com.demo.backend.client.fallback;

import com.demo.backend.client.feign.UserClient;
import com.demo.backend.client.utils.MessageMapper;
import com.demo.backend.client.utils.MessageSet;
import org.springframework.stereotype.Component;


@Component
public class UserClientFallback implements UserClient {

    @Override
    public MessageSet getUserInfo(String userName) {
        return MessageMapper.error("用户不存在!");
    }

}
```

这段程序中，实现了 getUserInfo()方法异常处理的回退功能，这里只返回一个错误提示的消息集合。这样，当 UserClient 客户端调用 getUserInfo()方法出现故障时，就返回一个“用户不存在！”的错误信息，从而缓解了接口请求的压力。

OpenFeign 客户端的开发是为调用者提供的，有关客户端的调用方法将在第 3 章中进行介绍。

为了让后面的中台应用项目能够引用上面的客户端程序，在实例中的后台应用开发完成之后，必须使用 Maven 项目管理工具，将 backend-client 模块打包并安装到本地的代码引用仓库中。例如，通过使用 Maven 项目管理工具，执行 install，就可以将程序打包到本地的代码引用仓库中，如图 2-6 所示。

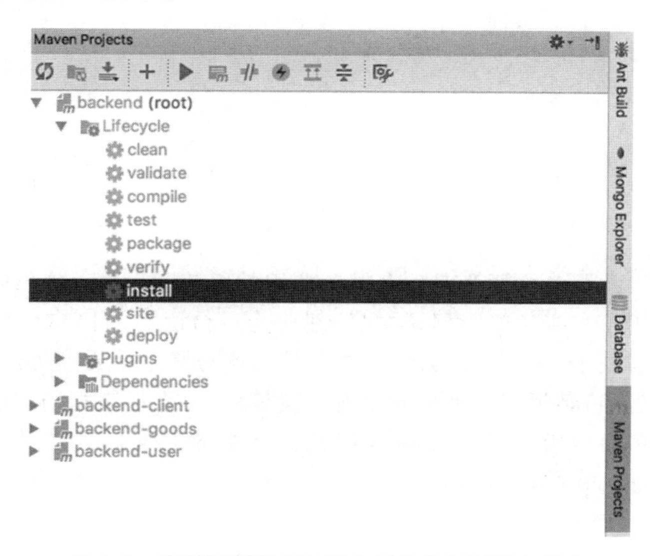

图 2-6　将应用程序打包到本地的代码引用仓库中

需要注意的是，执行 install 的操作必须在项目的根目录(root)中进行，如果只是在模块 backend-client 下执行，将会因为依赖引用的关系导致打包失败。如果在项目中使用了 Nexus 私服仓库，即可参照图 2-6 所示执行 deploy 操作，将程序打包发布到 Nexus 私服仓库中，这样在团队开发中的其他开发人员都能够引用。

2.5　小结

对于后台的微服务应用的开发，实例所提供的功能是比较简单的，这可以作为一种入门级别的训练。需要强调的是，必须保持每个后台应用的高度独立性，即后台应用之间不存在任何依赖和相互调用的情况，并且也尽可能做到不进行任何其他通信。由于多应用、多服务的存在，服务之间势必会存在一些分布式事务的问题，这个问题不需要由后台服务之间进行解决，而应该交给中台应用进行统一处理。

第3章

中台服务中间件开发

中台应用所提供的服务主要为对后台服务调用的组装和为前台提供安全、可靠、高效的接口服务。中台应用不直接访问数据，数据处理均为后台服务的接口所提供。因为前台应用与中台应用已经实现了完全分离的设计，中台接口服务将会暴露在外部网络环境之中，所以在中台应用的开发中，必须有合理的安全设计及策略，以保证数据访问的安全和合法性。

视频

本章提供两个中台应用的实例，第一个是基于微服务 Restful 协议的服务接口的开发，第二个是使用高性能的 gRPC 协议的接口开发。第一个应用实例还提供了用户访问控制的安全管理设计。

本章实例代码统一放在中台应用项目 cloud-middle 中，这个项目由以下三个模块组成。

◇ middle-grpc：使用 gRPC 协议通信的中台应用。

◇ middle-proto：基于 ProtoBuf 协议定义 gRPC 服务的模块。

◇ middle-rest：使用 Restful 协议通信的中台应用。

3.1 基于 Restful 协议的接口调用设计

本章实例的中台应用开发仍使用 Spring Cloud 工具套件实现，所以项目对象模型的配置及其应用与注册中心的连接和配置与第 2 章中的后台应用微服务开发时的配置一样。

在第 2 章的后台应用开发中，已经为其所提供的接口服务同时开发了客户端的调用程序，所以在中台应用开发中，只要引用后台应用的客户端程序，就可以像调用本地方法一样调用后台服务所提供的接口。

在本书的实例代码中，打开中台应用项目 cloud-middle，然后打开模块 middle-rest。这是一个基于微服务 Restful 协议进行设计的应用项目，也可以把它看作是一个为特定的前台应用设计的服务中间件。为了方便演示和讲解，实例项目中把两个中台应用放在同一个项目工程的不同模块中。如果是实际生产中开发的应用项目，则不建议这样做，应该为每一个应用创建一个独立的项目工程。

确认在第 2 章的项目 cloud-backend 中，已经使用 Maven 项目工具执行过 install，这样就可以在模块 middle-rest 的项目对象模型 pom.xml 中，增加如下所示的依赖引用。

```
<dependency>
    <groupId>com.demo</groupId>
    <artifactId>backend-client</artifactId>
    <version>1.0.0-SNAPSHOT</version>
</dependency>
```

如果需要引用多个应用项目的客户端程序，可以使用类似的方法进行配置。

上述 backend-client 引用已经包含了后台应用中用户服务的客户端和商品服务的客户端的引用。下面将通过 backend-client 引用来实现中台应用与后台接口的对接，然后为前台应用提供服务。首先，在中台应用 middle-rest 的主程序 RestApplication 中增加两个注解，启用 FeignClient 的功能并进行相关的配置，程序代码如下所示。

```
package com.demo.middle.rest;


import org.springframework.boot.SpringApplication;
import org.springframework.boot.autoconfigure.SpringBootApplication;
import org.springframework.cloud.client.discovery.EnableDiscoveryClient;
import org.springframework.cloud.openfeign.EnableFeignClients;
import org.springframework.context.annotation.ComponentScan;

/**
 * Rest Service
 * @author bill
 * @date 2020-09-29
 */
@SpringBootApplication
@EnableDiscoveryClient
@ComponentScan(basePackages = "com.demo")
@EnableFeignClients(basePackages = "com.demo")
public class RestApplication {

    public static void main(String[] args) {
        SpringApplication.run(RestApplication.class, args);
    }

}
```

这段程序中，通过注解@ComponentScan 可以正常加载依赖配置中所引用的客户端程序，注解@EnableFeignClients 启用了 FeignClient 客户端的功能。

接下来，创建控制器 RestWebController，通过这个控制器可以实现对后台客户端程序的引用，并为前台提供接口服务设计，代码如下所示。

```
package com.demo.middle.rest.controller;


import com.demo.backend.client.feign.GoodsClient;
import com.demo.backend.client.feign.UserClient;
import com.demo.backend.client.vo.GoodsVo;
import com.demo.backend.client.vo.UserVo;
import io.swagger.annotations.Api;
import io.swagger.annotations.ApiOperation;
import lombok.extern.slf4j.Slf4j;
import org.springframework.beans.factory.annotation.Autowired;
import org.springframework.web.bind.annotation.*;

/**
  * 中台微服务
  * @author bill
  * @date 2020-09-29
  */
@RequestMapping("/rest")
@RestController
@Api(value = "中台服务", tags = "中台微服务 API")
@Slf4j
public class RestWebController {

    @Autowired
    private UserClient userClient;

    @Autowired
    private GoodsClient goodsClient;

    @RequestMapping(value = "/getUserInfo", method = RequestMethod.GET)
    @ApiOperation(value = "用户信息查询", response = UserVo.class)
    public Object getUserInfo(@RequestParam("userName") String userName) {
        log.info("调用后台查询用户,使用参数:{}", userName);
        return userClient.getUserInfo(userName);
    }

    @RequestMapping(value = "/getGoodsInfo", method = RequestMethod.GET)
    @ApiOperation(value = "商品信息查询", response = GoodsVo.class)
    public Object getGoodsInfo(@RequestParam("name") String name) {
        log.info("调用后台进行商品查询,使用参数:{}", name);
        return goodsClient.getGoodsInfo(name);
    }
}
```

这段程序引用了后台用户服务的客户端 UserClient 和商品服务的客户端 GoodsClient，这样在中台应用中就可以直接实现对后台应用接口的调用。这里使用方法 getUserInfo() 调用了后台客户端 UserClient 的同名方法，实现了用户信息查询的功能，然后将调用结果

以 Object 的方式返回。这个返回对象将按后台原来的返回结果，即 MessageSet 的信息封装方式，返回给调用者。

有关商品信息查询的设计在方法 getGoodsInfo() 的定义中实现，即通过调用 GoodsClient 的同名方法实现商品信息查询的功能，然后按照后台接口原来返回的结果直接返回给调用者。

如果中台应用仅实现接口转接，上述程序就已经完成了设计。但在实际生产开发中，通常不会这么简单。根据前台的业务请求，可能会出现一次请求调用多个后台接口的情况以及分布式事物处理的情形，还可能涉及数据的裁剪和整合。

中台应用 middle-rest 已经加入了 Swagger 文档工具的相关设计。从控制器 RestWebController 的代码中可以看到，已经加入了 Swagger 的相关注解配置。

如果这个中台应用没有其他方面的附加设计，就可以启动应用程序，通过 Swagger 的页面 UI 程序 swagger-ui. html 来查看应用的接口文档，如图 3-1 所示。

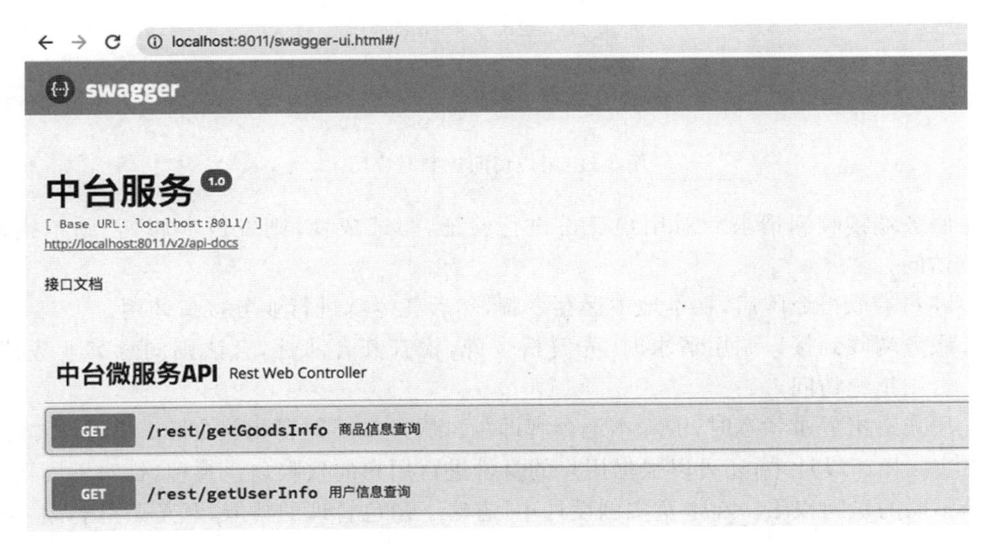

图 3-1　中台应用服务接口文档

需要注意的是，如果需要进行相关的接口调试，还必须启动相关的后台应用服务。

中台服务调用后台微服务的接口是在内部网络中完成的，其数据访问是在安全环境中进行的。而中台应用给前台应用提供服务必须将接口服务暴露在外网环境中，所以为了提高接口调用的安全性，必须为其增加安全访问控制管理方面的设计。

3.2　用户访问控制与安全设计

用户访问控制设计，即用户登录系统的身份确认设计，一般通过用户名和密码的方式进行用户身份确认，登录成功后即可授权用户访问服务接口。本章实例的用户访问控制的基本流程设计如图 3-2 所示。

对于图 3-2 所示的主要流程，简要说明如下。

◇ 用户在客户端中使用用户名和密码进行登录。

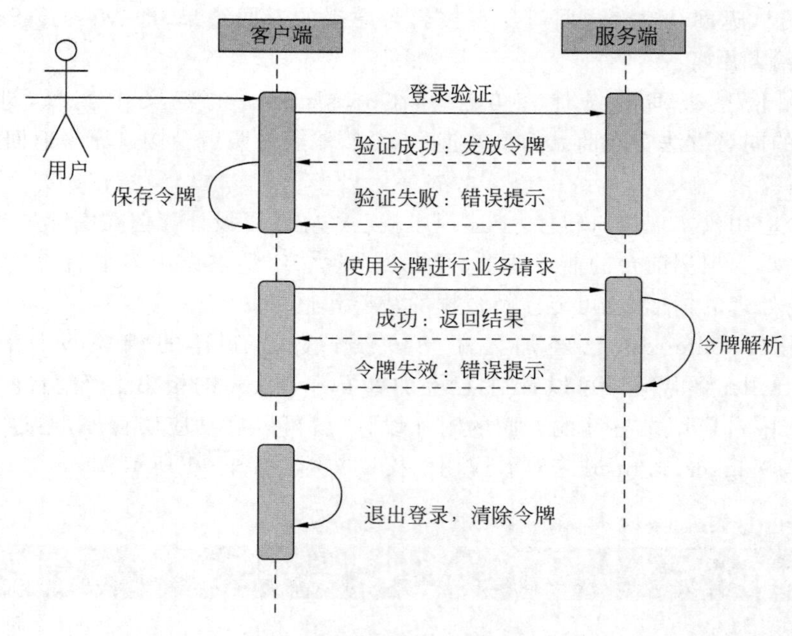

图 3-2　用户访问控制时序图

◇ 服务端接收到请求后对用户身份进行验证，验证成功，则发放令牌，否则拒绝用户访问。

◇ 客户端取得令牌后，在本地中保存令牌，然后凭令牌进行业务接口调用。

◇ 服务端收到接口调用请求时，先解析令牌，检查其合法性，合法则同意其业务请求，否则拒绝访问。

◇ 用户退出登录状态时，清除本地令牌即可。服务端不保存相关令牌。

在实际生产设计中，还可以根据用户的身份进行用户的权限角色管理，针对不同用户可以授予不同的访问权限。在本章实例设计中，省略了角色管理的功能，赋予了所有用户相同的管理员角色。

用户访问控制将主要使用 Spring Cloud 工具套件中的安全组件 Security，并结合 JWT 令牌来实现。在中台项目的应用模块 middle-rest 的项目对象模型 pom. xml 中增加如下依赖引用。

```
<dependency>
    <groupId>org.springframework.cloud</groupId>
    <artifactId>spring-cloud-starter-security</artifactId>
</dependency>

<dependency>
    <groupId>io.jsonwebtoken</groupId>
    <artifactId>jjwt</artifactId>
    <version>0.9.1</version>
</dependency>
```

以上依赖引用在引用 Security 组件的同时，还引用了 jjwt 组件。这个组件主要用来为客户端生成 JSON Web 令牌(JSON Web Token，JWT)。

在传统的设计开发中，一般使用会话控制(Session)进行用户的登录认证管理。用户登录之后，必须在服务端保存用户的登录状态。而使用 JWT 的方式，用户登录之后取得令牌，服务端将不再需要保存用户的登录状态。所以 JWT 的方式更适合在分布式环境中使用，一方面，可以减轻服务端的压力，另一方面，如果服务端应用有多个运行的副本，也不需要进行用户登录状态的同步处理。

一个完整的 JWT 一般由头部(Header)、载荷(Payload)和签证(Signature)三部分内容组成。除此之外，还可以使用声明(Claims)方式附加其他内容。JWT 以私钥方式进行加密，并且可以根据需要设定有效期限，或者根据安全级别规定令牌的使用次数，以保证在传输过程中提高令牌的安全性。

有关 JWT 的详细说明，有兴趣的读者可通过下列链接访问其官网进行查看。

```
https://jwt.io/introduction/
```

下面将详细介绍使用 Security 组件和 JWT 令牌进行安全设计的步骤。

3.2.1　Web 安全策略配置

使用 Web 安全策略配置，可以通过创建一个配置类 WebSecurityConfig 实现。在配置类中，通过继承 Spring Secutity 组件中的 WebSecurityConfigurerAdapter 配置类实现自定义的安全策略配置。配置类 WebSecurityConfig 的代码如下所示。

```
package com.demo.middle.rest.configs.security;
...
@Configuration
@EnableWebSecurity
@EnableGlobalMethodSecurity(prePostEnabled = true, jsr250Enabled = true)
public class WebSecurityConfig extends WebSecurityConfigurerAdapter {

    @Autowired
    private MyUnauthorizedHandler myUnauthorizedHandler;

    @Autowired
    private MyAccessDeniedHandler myAccessDeniedHandler;

    @Autowired
    private MyUserDetailsService myUserDetailsService;

    @Autowired
    private MyAuthenticationFilter myAuthenticationFilter;

    @Bean
```

```
    static BCryptPasswordEncoder getBCryptPasswordEncoder() {
        BCryptPasswordEncoder bCryptPasswordEncoder = new BCryptPasswordEncoder();
        return bCryptPasswordEncoder;
    }

    @Bean(name = BeanIds.AUTHENTICATION_MANAGER)
    @Override
    public AuthenticationManager authenticationManagerBean() throws Exception {
        return super.authenticationManagerBean();
    }


    @Autowired
     public void configureAuthentication (AuthenticationManagerBuilder builder) throws
Exception {
builder.userDetailsService(myUserDetailsService).passwordEncoder(getBCryptPasswordEncoder
());
    }

    @Override
    protected void configure(HttpSecurity httpSecurity) throws Exception {
        httpSecurity.csrf().disable().headers().frameOptions().disable()
                .and().sessionManagement().sessionCreationPolicy(SessionCreationPolicy.
STATELESS)
                .and().authorizeRequests()
                .antMatchers(HttpMethod.OPTIONS, "/**").permitAll()
                .antMatchers("/swagger-ui.html", "/webjars/springfox-swagger-ui/*
*", "/swagger-resources/**", "/v2/api-docs/**").permitAll()
                .antMatchers("/static/**", "/authentication/**").permitAll()
                .anyRequest().authenticated()
                .and().headers().cacheControl();
        httpSecurity.addFilterBefore(myAuthenticationFilter,
UsernamePasswordAuthenticationFilter.class);
httpSecurity. exceptionHandling ( ). authenticationEntryPoint ( myUnauthorizedHandler ).
accessDeniedHandler(myAccessDeniedHandler);
    }

}
```

这个配置类的主要实现功能说明如下。

◇ 使用注解@EnableWebSecurity 启用了 Web 安全管理功能。

◇ 在程序中指定使用 BCryptPasswordEncoder 工具，进行密码加密和密码验证。

◇ 在 Web 请求策略配置中，禁用了跨站伪造请求限制，并通过使用 permitAll()方法，对一些资源文件、Swagger 文档链接及其资源、登录请求的链接等设置访问许可。

◇ 配置了安全用户服务 MyUserDetailsService、安全检查过滤器 MyAuthenticationFilter、用户鉴权处理器 myUnauthorizedHandler 和访问授权处理器 myAccessDeniedHandler 等服务。这些服务的设计将在后续章节进行介绍。

3.2.2 实现安全用户管理

在用户访问控制管理之中需要调用应用实例的用户服务，所以需要实现 Spring Security 安全组件中的用户服务接口 UserDetailsService 和用户详细信息接口 UserDetails。

首先，创建一个用户服务类 MyUserDetailsService，通过这个服务类，可以从后台应用的用户信息查询接口中取得用户的详细信息，代码如下所示。

```
package com.demo.middle.rest.configs.security.userdetail;
...

/**
 * 安全用户服务
 * @author bill
 * @since 2020-10-12
 */
@Component
public class MyUserDetailsService implements UserDetailsService {

    @Autowired
    private UserClient userClient;


    @Override
    public UserDetails loadUserByUsername(String userName) throws
UsernameNotFoundException {
        //根据用户名查询用户
        MessageSet<UserVo> messageSet = userClient.getUserInfo(userName);

        if(messageSet != null && messageSet.getCode() != 200){
            throw new UsernameNotFoundException("用户查询异常:
" + messageSet.getMessage());
        }

        Object object = messageSet.getResult();
        Gson gson = new Gson();
        UserVo user = gson.fromJson(gson.toJson(object), UserVo.class);

        //默认使用管理员角色
        List<SimpleGrantedAuthority> authorities = new ArrayList<>();
        authorities.add(new SimpleGrantedAuthority("ROLE_ADMIN"));

        MyUserDetails myUserDetails = new MyUserDetails(userName, user.getPassword(),
true, authorities, user);
        return myUserDetails;
    }

}
```

这段代码中，通过创建 MyUserDetailsService 实现了 Sping Security 组件的

UserDetailsService 接口，该接口只有一个 loadUserByUsername()方法。程序中实现了 loadUserByUsername()方法：通过后台应用的客户端 UserClient 调用了 getUserInfo 用户查询方法，取得用户信息的 JSON 结构数据，然后通过对象转换将 JSON 数据转换为对象模型 UserVo。对于用户权限的分配，因为实例中省略了用户角色的管理，所以这里提供一个管理员角色为当前用户分配权限。程序最后返回包含用户权限的 MyUserDetails 类的用户详细信息。

上述程序中用到的用户明细类 MyUserDetails 的实现代码如下所示。

```
package com.demo.middle.rest.configs.security.userdetail;


import com.demo.backend.client.vo.UserVo;
import org.springframework.security.core.GrantedAuthority;
import org.springframework.security.core.userdetails.UserDetails;

import java.util.Collection;


public class MyUserDetails implements UserDetails {

    private String userName;

    private String password;

    private boolean isAccountNonLocked;

    private Collection<? extends GrantedAuthority> authorities;

    private UserVo user;

    public MyUserDetails(String userName, String password, boolean isAccountNonLocked,
Collection<? extends GrantedAuthority> authorities, UserVo userVo) {
        this.userName = userName;
        this.password = password;
        this.isAccountNonLocked = isAccountNonLocked;
        this.authorities = authorities;
        this.user = userVo;
    }

    @Override
    public String getUsername() {
        return userName;
    }

    @Override
    public String getPassword() {
        return password;
```

```
    }

    @Override
    public boolean isAccountNonExpired() {
        return true;
    }

    @Override
    public boolean isAccountNonLocked() {
        return isAccountNonLocked;
    }

    @Override
    public boolean isCredentialsNonExpired() {
        return true;
    }

    @Override
    public boolean isEnabled() {
        return true;
    }

    @Override
    public Collection<? extends GrantedAuthority> getAuthorities() {
        return authorities;
    }

    public UserVo getUser(){
        return user;
    }

}
```

这段代码通过 MyUserDetails 用户明细类，实现了 Spring Security 组件的 UserDetails 接口，并新建了一个构造函数 MyUserDetails()，这个函数可以用来生成一个包含用户名、密码、用户权限集合等参数的登录用户详细信息。在该类中还实现了 UserDetails 接口的所有方法。这段代码的最后增加一个自定义方法 getUser()返回用户对象模型。

3.2.3 用户登录验证

实现了 Spring Security 组件的用户服务的相关接口之后，就可以进行用户登录验证的设计。登录验证通过 LoginController 控制器实现，程序代码如下所示。

```
package com.demo.middle.rest.configs.security.controller;
...
```

```
@RestController
@Slf4j
@Api(value = "用户登录", tags = "用户登录 API")
public class LoginController {

    @Autowired
    private AuthenticationManager authenticationManager;


    @RequestMapping(value = "/authentication/userLogin", method = RequestMethod.POST)
    @ApiOperation(value = "用户登录并生成 Token", response = String.class)
    public void login(@RequestParam("userName") String userName, @RequestParam
("password") String password, HttpServletResponse response) throws IOException {
        try {
            Preconditions.checkArgument(StringUtils.isNotEmpty(userName), "用户名不能为
空");
            Preconditions.checkArgument(StringUtils.isNotEmpty(password), "密码不能为
空");
            //登录验证
            UsernamePasswordAuthenticationToken usernamePasswordAuthenticationToken =
new UsernamePasswordAuthenticationToken(userName, password);
                Authentication authenticate = authenticationManager.authenticate
(usernamePasswordAuthenticationToken);
            MyUserDetails myUserDetails = (MyUserDetails) authenticate.getPrincipal();
            Collection <? extends GrantedAuthority > authorities = myUserDetails.
getAuthorities();

            //角色列表
            List<String> authorityList = new ArrayList<>();
            if (authorities != null && !authorities.isEmpty()) {
                authorities.forEach(authority -> authorityList.add(authority.
getAuthority()));
            }

            //获取用户详细信息
            UserVo user = myUserDetails.getUser();

            UserVo userTemp = user;
            userTemp.setPassword("");
            Map<String, Object> claims = new HashMap<>(16);
            claims.put(SecurityConstant.USER, JSON.toJSONString(userTemp));
            claims.put(SecurityConstant.AUTHORITIES, JSON.toJSONString(authorityList));

            //登录成功生成 Token
            long currentTimeMillis = System.currentTimeMillis();
            String token = SecurityConstant.TOKEN_PREFIX + Jwts.builder().setSubject
(user.getUserName())
                    .addClaims(claims)
```

```
                    .setExpiration(new Date(currentTimeMillis + SecurityConstant.TOKEN_
EXPIRE_TIME * 60 * 1000))
                    .signWith(SignatureAlgorithm.HS512, SecurityConstant.TOKEN_SIGN_KEY)
                    .compressWith(CompressionCodecs.GZIP).compact();


            log.info("登录成功,返回 Token");

            //返回 Token
            MessageSet messageSet = MessageMapper.ok(token);
            String tokenStr = JSON.toJSONString(messageSet);
            response.setHeader("Access-Control-Allow-Origin", "*");
            response.setStatus(200);
            response.setHeader("Content-type", "application/json; charset=utf-8");
            response.setCharacterEncoding("utf-8");
            response.setContentType("application/json;charset=utf-8");
            response.getOutputStream().write(tokenStr.getBytes("utf-8"));
        } catch (Exception e) {
            String message = e.getMessage();
            if (e instanceof UsernameNotFoundException || e instanceof
BadCredentialsException) {
                message = "用户名或者密码不正确";
            }
            if (e instanceof LockedException) {
                message = "账户已被锁定";
            }
            MessageSet messageSet = MessageMapper.mapper(401, message);
            String json = JSON.toJSONString(messageSet);
            response.setHeader("Access-Control-Allow-Origin", "*");
            response.setStatus(200);
            response.setHeader("Content-type", "application/json; charset=utf-8");
            response.setCharacterEncoding("utf-8");
            response.setContentType("application/json;charset=utf-8");
            response.getOutputStream().write(json.getBytes("utf-8"));
        }
    }

}
```

这段代码实现的功能说明如下。

◇ 使用 Spring Security 组件的 UsernamePasswordAuthenticationToken()方法对登录用户进行身份验证。

◇ 验证成功后,从用户详细信息中提取角色列表,为生成令牌做准备。

◇ 从用户详细信息中提取用户基本信息,弃除密码后,为生成令牌做准备。

◇ 使用用户名生成令牌,设定有效期,并附加用户基本信息和用户角色列表。

◇ 将加密和压缩之后的令牌返回给客户端。

◇ 在上述过程中,如果用户验证失败,则给出相关错误信息,如用户密码输入错误或用户已被锁定等，同时终止认证流程。

3.2.4 访问控制过滤器设计

用户成功登录后，再次进行业务接口请求时，必须附加取得的令牌进行访问。

在本书实例设计中，约定客户端将取得的令牌放入接口访问的请求头（这里特指Request对象的Header参数）之中，然后由服务端对令牌进行验证。

在服务端中，使用MyAuthenticationFilter过滤器实现对客户端请求中的令牌进行验证的功能，代码如下所示。

```
package com.demo.middle.rest.configs.security.filter;
...

/**
 * 访问控制过滤器
 * @author bill
 * @since 2020-10-12
 */
@Component
@Slf4j
public class MyAuthenticationFilter extends OncePerRequestFilter {

    @Override
    protected void doFilterInternal(HttpServletRequest request,
HttpServletResponse response,
                                    FilterChain filterChain) throws
ServletException, IOException {
        //Token 分析
        String authHeader =
request.getHeader(SecurityConstant.TOKEN_REQUEST_HEADER);
        if (StringUtils.isEmpty(authHeader)) {
            authHeader =
request.getParameter(SecurityConstant.TOKEN_REQUEST_PARAM);
        }
        if (authHeader != null &&
authHeader.startsWith(SecurityConstant.TOKEN_PREFIX)) {
            String auth = authHeader.substring(SecurityConstant.TOKEN_PREFIX.length());
            try {
                Claims claims =
Jwts.parser().setSigningKey(SecurityConstant.TOKEN_SIGN_KEY).parseClaimsJws(auth).
getBody();
                String username = claims.getSubject();
                String userStr = (String) claims.get(SecurityConstant.USER);
                String authorityListStr = (String) claims.get(SecurityConstant.
AUTHORITIES);
                SecurityContext securityContext = SecurityContextHolder.getContext();
                if (securityContext != null) {
```

```
                    Authentication authentication =
SecurityContextHolder.getContext().getAuthentication();
                    if (authentication == null) {
                        UserVo user = JSON.parseObject(userStr, UserVo.class);
                        //角色列表
                        List<String> authorityList =
JSON.parseObject(authorityListStr, List.class);
                        List<SimpleGrantedAuthority> authorities = new ArrayList<>();
                        if (authorityList != null && !authorityList.isEmpty()) {
                          authorityList.forEach(authority ->
authorities.add(new SimpleGrantedAuthority(authority)));
                        }

                        MyUserDetails myUserDetails = new
MyUserDetails(username, "", true, authorities, user);
                        //验证身份
                        UsernamePasswordAuthenticationToken
usernamePasswordAuthenticationToken =
                                new
UsernamePasswordAuthenticationToken(myUserDetails, null, authorities);
                        usernamePasswordAuthenticationToken.setDetails(new
WebAuthenticationDetailsSource().buildDetails(request));
SecurityContextHolder.        getContext        (        ).        setAuthentication
(usernamePasswordAuthenticationToken);
                    }
                }
                log.info("Token 解析正常");
            }catch (ExpiredJwtException e) {
                MessageSet messageSet = MessageMapper.mapper(401, "登录已过期");
                String str = JSON.toJSONString(messageSet);
                response.setHeader("Access-Control-Allow-Origin", "*");
                response.setStatus(200);
                response.setHeader("Content-type", "application/json; charset=utf-8");
                response.setCharacterEncoding("utf-8");
                response.setContentType("application/json;charset=utf-8");
                response.getOutputStream().write(str.getBytes("utf-8"));
                return;
            }catch (Exception e) {
                MessageSet messageSet = MessageMapper.mapper(401, "Token 解析错误");
                String str = JSON.toJSONString(messageSet);
                response.setHeader("Access-Control-Allow-Origin", "*");
                response.setStatus(200);
                response.setHeader("Content-type", "application/json; charset=utf-8");
                response.setCharacterEncoding("utf-8");
                response.setContentType("application/json;charset=utf-8");
                response.getOutputStream().write(str.getBytes("utf-8"));
                return;
            }
        } else if (authHeader != null && authHeader.equals("USER_TEST")) {
            //swagger 文档页面授权
```

```
            UserVo user = new UserVo();
            user.setUserName("admin");
            user.setPassword(new BCryptPasswordEncoder().encode("123456"));

            List<SimpleGrantedAuthority> authorities = new ArrayList<>();
            authorities.add(new SimpleGrantedAuthority("ROLE_ADMIN"));

            MyUserDetails myUserDetails = new
MyUserDetails(user.getUserName(), "", true, authorities, user);
            UsernamePasswordAuthenticationToken
usernamePasswordAuthenticationToken =
                    new UsernamePasswordAuthenticationToken ( myUserDetails, null,
authorities);
            usernamePasswordAuthenticationToken.      setDetails      (      new
WebAuthenticationDetailsSource().buildDetails(request));
SecurityContextHolder.getContext().setAuthentication(usernamePasswordAuthenticationToken);
        } else if (authHeader != null && authHeader != "") {
            MessageSet messageSet = MessageMapper.mapper(401, "Token 异常");
            String messageStr = JSON.toJSONString(messageSet);
            response.setHeader("Access-Control-Allow-Origin", "*");
            response.setStatus(200);
            response.setHeader("Content-type", "application/json; charset=utf-8");
            response.setCharacterEncoding("utf-8");
            response.setContentType("application/json;charset=utf-8");
            response.getOutputStream().write(messageStr.getBytes("utf-8"));
            return;
        }
        filterChain.doFilter(request, response);
    }

}
```

这段代码实现的功能说明如下。

◇ 从客户端的请求头中取得令牌,分析令牌的合法性和时效,如果令牌合法并且还未过期,则通过请求。如果令牌解析不通过,则给出相关错误提示,并拒绝其接口访问请求。

◇ 为了能够正常使用 Swagger 文档的功能,为 Swagger 的 UI 页面请求配置了一个测试令牌 USER_TEST。通过使用这个令牌,可以正常打开 swagger-ui.html 页面,并查看接口文档说明和进行相关的测试。

3.2.5 用户鉴权处理器设计

通过安全管理设计之后,接口的访问将处于系统的安全保护之中,当用户进行接口调用时,会触发用户鉴权处理器 MyUnauthorizedHandler,程序的设计如下所示。

```
package com.demo.middle.rest.configs.security.handler;

import com.alibaba.fastjson.JSON;
import com.demo.backend.client.utils.MessageMapper;
import com.demo.backend.client.utils.MessageSet;
import org.springframework.security.core.AuthenticationException;
import org.springframework.security.web.AuthenticationEntryPoint;
import org.springframework.stereotype.Component;

import javax.servlet.http.HttpServletRequest;
import javax.servlet.http.HttpServletResponse;
import java.io.IOException;

@Component
public class MyUnauthorizedHandler implements AuthenticationEntryPoint {

    @Override
    public void commence(HttpServletRequest request, HttpServletResponse
response, AuthenticationException exception) throws IOException {
        MessageSet messageSet = MessageMapper.mapper(401,"用户未登录");
        String json = JSON.toJSONString(messageSet);
        response.setHeader("Access-Control-Allow-Origin", "*");
        response.setHeader("Content-type", "application/json; charset=utf-8");
        response.setCharacterEncoding("utf-8");
        response.setContentType("application/json;charset=utf-8");
        response.getOutputStream().write(json.getBytes("utf-8"));
    }

}
```

当用户在未登录而访问受保护的接口时，将收到401错误和“用户未登录”的提示信息。

3.2.6　授权验证处理器设计

用户登录之后，对每一个接口的访问都可以进行权限设置。针对用户接口访问的授权验证，定义了一个授权验证处理器MyAccessDeniedHandler，程序的实现代码如下所示。

```
package com.demo.middle.rest.configs.security.handler;

import com.alibaba.fastjson.JSON;
import com.demo.backend.client.utils.MessageMapper;
import com.demo.backend.client.utils.MessageSet;
import lombok.extern.slf4j.Slf4j;
import org.springframework.security.access.AccessDeniedException;
import org.springframework.security.web.access.AccessDeniedHandler;
import org.springframework.stereotype.Component;
```

```
import javax.servlet.http.HttpServletRequest;
import javax.servlet.http.HttpServletResponse;
import java.io.IOException;


@Component
@Slf4j
public class MyAccessDeniedHandler implements AccessDeniedHandler {

    @Override
    public void handle(HttpServletRequest request, HttpServletResponse
response, AccessDeniedException exception) throws IOException {
        MessageSet messageSet = MessageMapper.mapper(403, "没有权限");
        String json = JSON.toJSONString(messageSet);
        response.setHeader("Access-Control-Allow-Origin", "*");
        response.setHeader("Content-type", "application/json; charset=utf-8");
        response.setCharacterEncoding("utf-8");
        response.setContentType("application/json;charset=utf-8");
        response.getOutputStream().write(json.getBytes("utf-8"));
    }

}
```

当用户访问未获得授权的链接时，将被拒绝访问，并返回403错误，提示“没有权限”。

实例代码中，因为省略了权限管理的设计，对所有登录用户都授予了管理员的角色，所以只要登录成功，对所有接口都具有访问权限。

3.2.7 跨域访问配置

因为前台应用和中台应用使用了完全分离的设计，在应用发布时将使用不同的域名提供服务，所以对于来自前台应用的客户端请求，还存在跨域访问的问题。在实例代码中，为了简化跨域访问的设计，使用CorsConfig配置类开放所有跨域访问的限制，代码如下所示。

```
package com.demo.middle.rest.configs;

import org.springframework.context.annotation.Bean;
import org.springframework.context.annotation.Configuration;
import org.springframework.web.cors.CorsConfiguration;
import org.springframework.web.cors.UrlBasedCorsConfigurationSource;
import org.springframework.web.filter.CorsFilter;

@Configuration
public class CorsConfig {

    private CorsConfiguration buildConfig() {
        CorsConfiguration corsConfiguration = new CorsConfiguration();
```

```
            corsConfiguration.setAllowCredentials(true);
            corsConfiguration.addAllowedOrigin("*");
            corsConfiguration.addAllowedHeader("*");
            corsConfiguration.addAllowedMethod("*");
            corsConfiguration.setMaxAge(36000L);
            return corsConfiguration;
        }

        @Bean
        public CorsFilter corsFilter() {
            UrlBasedCorsConfigurationSource source = new
    UrlBasedCorsConfigurationSource();
            source.registerCorsConfiguration("/**", buildConfig());
            return new CorsFilter(source);
        }

    }
```

需要注意的是，开放跨域请求限制之后，虽然简化了程序设计，但将面临跨站请求伪造攻击的风险。所以为了保障系统的安全，必须妥善保护好令牌签名的密钥，或者提高令牌使用的安全级别。

3.2.8　在安全管理环境中使用 Swagger 文档

3.2.4 节已经为 Swagger 组件的页面访问增加了一个测试令牌。为了使用这个令牌，必须在 Swagger 的配置类 Swagger2Config 中增加相关的配置。经过修改之后的 Swagger 配置如下所示。

```
    package com.demo.middle.rest.configs;
    ...

    import java.util.Arrays;
    import java.util.List;

    @Configuration
    @EnableSwagger2
    public class Swagger2Config {

        @Bean
        public Docket buildDocket() {
            List<Parameter> list = Arrays.asList(
                    new ParameterBuilder()
                            .name("Authorization")
                            .defaultValue("USER_TEST")
                            .description("测试令牌")
                            .modelRef(new ModelRef("string"))
```

```
                        .parameterType("header")
                        .build()
        );
        return new Docket(DocumentationType.SWAGGER_2)
                .apiInfo(buildApiInfo()).globalOperationParameters(list).select()
                .apis(RequestHandlerSelectors.basePackage("com.demo"))
                .paths(PathSelectors.any())
                .build();
    }

    private ApiInfo buildApiInfo() {
        return new ApiInfoBuilder()
                .title("中台服务")
                .description("接口文档")
                .version("1.0")
                .build();
    }

}
```

这段程序将测试令牌 USER_TEST 放入文档打开的页面的请求头的 Authorization 参数中，这样每个打开的页面都会带上这个测试令牌。

下面启动程序，打开 Swagger 的 UI 页面 swagger-ui.html 进行测试。注意，因为这里调用了后台的用户服务，所以必须同时启动后台的用户服务。通过如下链接可以打开中台应用的 Swagger 文档页面。

```
http://localhost:8011/swagger-ui.html
```

打开文档首页之后，单击“用户登录 API”选项，打开登录接口的文档页面。在文档页面中，单击 Try it out 按钮，打开接口测试页面，如图 3-3 所示。

图 3-3　用户登录接口测试页面

在图 3-3 中，用户登录接口测试页面已经自动带上了测试令牌 USER_TEST。下面可以使用登录接口进行用户登录测试。在用户登录测试中，如果输入了正确的用户名和密码，验证登录成功，则会返回一个令牌，具体细节如下所示。

```
{
  "code": 200,
  "message": "操作成功",
  "result": "TokenPrefix
eyJhbGciOiJIUzUxMiIsInppcCI6IkdaSVAifQ.
H4sIAAAAAAAAAKtWKi5NUrJSSkzJzcxT0lEqLU4tAnKrY4AiKUUxSlYxSk97pz _ duPFpz64Xe9c _ 2b3t6Z6Gp _
0Tn87f9XTOhhglnRilzBSwMkMjYxNTM7BIXmJuKljs - ZQVzzq2P53Q - 3TtdLBMQWJxcXl - EUQHRCQjPw -
i2NDY1AAIQObAZErywTJ6evpAVFySWJKZrJ - Zm5ieWqyfbKhXkJcOVlicWgG1bTuYD _ KDH8wJYI _ FKNUC _
ZZYWpKRX5RZkplaDPRidIxSkL - Pa7yji6 - nX4xSLFBBakWBkpWhmYGRmZmBubl5LQDWmiSRHQEAAA. FAx3Mfm
- H2uUzoQgpdXB2glBtMOE2PjFGCSopzsIwI40_BuPoANLpJKLH3jhS7mS8wnx_5o3hSH3Gq - yxicuSQ"
}
```

正确的用户名和密码为 admin 和 123456，返回结果中的 result 为加密和压缩之后的令牌字符串。

如果用户名和密码验证不通过，则将返回如下所示的错误信息。

```
{
  "code": 401,
  "message": "用户名或者密码不正确"
}
```

需要注意的是，在后台用户服务中，只提供了一条模拟数据，所以这里输入任何用户名都没有关系，但是密码必须输入正确。

通过上面的安全管理的设计，中台应用 middle-rest 提供的接口服务已经得到有效的安全保护，针对前台应用的接口请求必须在通过登录之后，才能正常访问。

3.3　基于 gRPC 协议的中台应用设计

Spring Cloud 工具套件一般使用 Restful 协议进行接口通信。在中台应用设计中，有时需要处理一些对访问速度和性能有更高要求的请求，这时 Restful 协议不能表现出性能优势。在本书提供的中台应用的另一个实例中，将使用更加高效的通信协议 gRPC 进行接口服务的开发。gRPC 是一个由 Google 公司提供的高性能的 RPC 开发框架，它使用基于 HTTP/2 的标准进行设计，并使用 ProtoBuf 协议定义服务。gRPC 使用二进制编码方式传输数据，并且支持流式的传输方式。根据 gRPC 这些特性，可以开发出对资源和速率有更高要求的应用服务。

3.3.1 使用 ProtoBuf 协议定义服务

ProtoBuf(Protocol Buffers)是一种与平台和语言无关的序列化结构数据的协议。ProtoBuf 使用结构数据序列化方法,可类比 XML,但比 XML 更小,所以使用起来更快、更高效。

下面通过在本书实例的中台应用项目 cloud-middle,来说明如何使用 gRPC 协议进行接口服务的开发。

首先在模块 middle-proto 的项目对象模型 pom.xml 中,配置了如下依赖引用。

```
<?xml version = "1.0" encoding = "utf - 8"?>
<project xmlns = "http://maven.apache.org/POM/4.0.0"
        xmlns:xsi = "http://www.w3.org/2001/XMLSchema - instance"
        xsi:schemaLocation = "http://maven.apache.org/POM/4.0.0 http://maven.apache.org/
xsd/maven - 4.0.0.xsd">
    <parent>
        <artifactId>cloud - middle</artifactId>
        <groupId>com.demo</groupId>
        <version>1.0.0 - SNAPSHOT</version>
    </parent>
    <modelVersion>4.0.0</modelVersion>

    <artifactId>middle - proto</artifactId>
    <packaging>jar</packaging>

    <properties>
        <grpc.java.version>1.20.0</grpc.java.version>
        <os.plugin.version>1.5.0.Final</os.plugin.version>
        <protobuf.plugin.version>0.5.0</protobuf.plugin.version>
        <protoc.plugin.version>3.3.0</protoc.plugin.version>
        <grpc.netty.version>4.1.15.Final</grpc.netty.version>
    </properties>

    <dependencies>
        <dependency>
            <groupId>io.grpc</groupId>
            <artifactId>grpc - protobuf</artifactId>
            <version>${grpc.java.version}</version>
        </dependency>

        <dependency>
            <groupId>io.grpc</groupId>
            <artifactId>grpc - stub</artifactId>
            <version>${grpc.java.version}</version>
        </dependency>

        <dependency>
```

```
                <groupId>io.grpc</groupId>
                <artifactId>grpc-netty</artifactId>
                <version>${grpc.java.version}</version>
            </dependency>

            <dependency>
                <groupId>io.netty</groupId>
                <artifactId>netty-common</artifactId>
                <version>${grpc.netty.version}</version>
            </dependency>
        </dependencies>

        <build>
            <extensions>
                <extension>
                    <groupId>kr.motd.maven</groupId>
                    <artifactId>os-maven-plugin</artifactId>
                    <version>${os.plugin.version}</version>
                </extension>
            </extensions>
            <plugins>
                <plugin>
                    <groupId>org.xolstice.maven.plugins</groupId>
                    <artifactId>protobuf-maven-plugin</artifactId>
                    <version>${protobuf.plugin.version}</version>
                    <configuration>
  <protocArtifact>com.google.protobuf:protoc:${protoc.plugin.version}:exe:${os.
  detected.classifier}</protocArtifact>
                        <pluginId>grpc-java</pluginId>
                        <pluginArtifact>io.grpc:protoc-gen-grpc-java:
  ${grpc.java.version}:exe:${os.detected.classifier}</pluginArtifact>
                    </configuration>
                    <executions>
                        <execution>
                            <goals>
                                <goal>compile</goal>
                                <goal>compile-custom</goal>
                            </goals>
                        </execution>
                    </executions>
                </plugin>
            </plugins>
        </build>
    </project>
```

上面的依赖配置通过引用 gRPC 开发框架的一些组件和插件，可以使用基于 ProtoBuf 协议定义的服务，通过 Maven 项目工具生成相关的适合 Spring Boot 开发架构使用的 Java 类对象。

对应后台应用的商品服务，实例中使用 ProtoBuf 协议定义 gRPC 的商品服务，代码如下所示。

```
syntax = "proto3";

option java_multiple_files = true;
option java_package = "com.demo.grpc.goods.service";
option java_outer_classname = "GoodsServiceProto";

package com.demo.goods.service;

// 服务定义
service GoodsService {
    rpc GetGoodsInfo (GoodsRequest) returns (GoodsReply) {
    }

    rpc GetGoodsList (ListSizeRequest) returns (GoodsListResponse) {
        }
}

// 请求参数
message GoodsRequest {
    string goodsId = 1;
}

message ListSizeRequest{
    int32 size = 1;
}

// 商品信息
message GoodsReply {
    string name = 1;
    string price = 2;
    int32 sums = 3;
    string image = 4;
}

//商品列表
message GoodsListResponse{
    repeated GoodsReply goodsList = 1;
}
```

这段代码说明如下。

◇ 第一行代码为 ProtoBuf 的版本号，这里使用 proto3。

◇ option java_package 指定 Java 类对象的包结构。

◇ package 是与非 Java 语言（如 Node.js 等）通信时使用的包结构。

◇ 定义了两个商品查询服务，分别为 GetGoodsInfo 和 GetGoodsList，用来查询商品信息和商品列表。

◇ GoodsRequest 和 GoodsReply 分别为请求参数和返回参数的定义。

定义了商品服务后，就可以在模块 middle-proto 中使用 Maven 项目工具执行编译。通过编译之后，就生成可调用的类和各种数据对象，结果如图 3-4 所示。

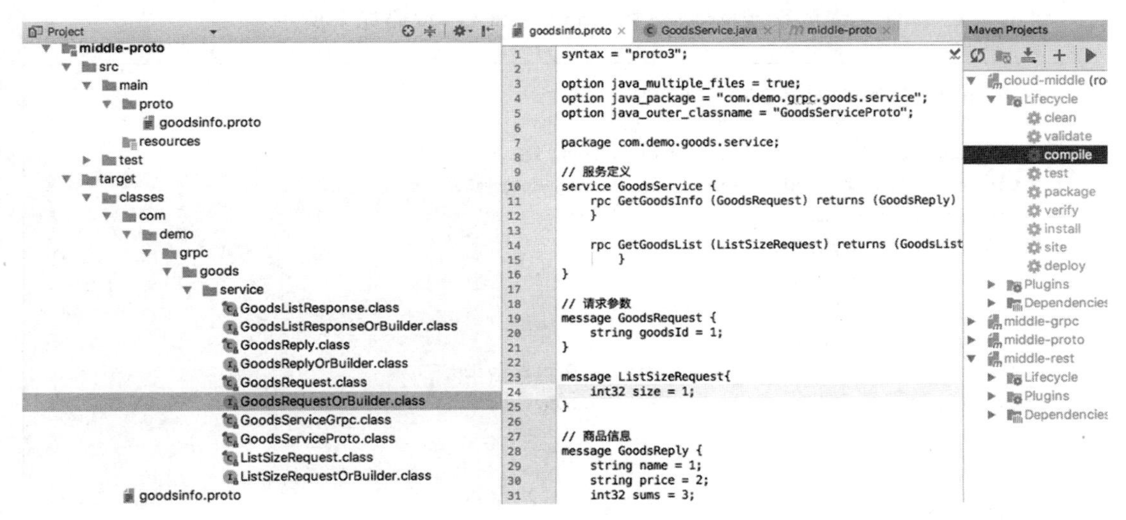

图 3-4　基于 ProtoBuf 协议定义的商品服务的编译结果

3.3.2 节将使用这里生成的商品服务类对象进行相关接口服务的开发。

3.3.2　gRPC 服务端开发

基于 gRPC 协议的服务端将使用 Spring Cloud 工具套件进行开发。打开中台项目 cloud-middle 的模块 middle-grpc，在模块根目录的项目对象模型 pom.xml 中，增加如下依赖引用。

```
<dependency>
    <groupId>net.devh</groupId>
    <artifactId>grpc-server-spring-boot-starter</artifactId>
    <version>2.2.1.RELEASE</version>
</dependency>

<dependency>
    <groupId>com.demo</groupId>
    <artifactId>middle-proto</artifactId>
    <version>${project.version}</version>
</dependency>

<dependency>
    <groupId>com.demo</groupId>
    <artifactId>backend-client</artifactId>
    <version>1.0.0-SNAPSHOT</version>
</dependency>
```

grpc-server-spring-boot-starter 是为 Spring Boot 框架提供的一些 gRPC 服务端的支持，middle-proto 引用了 3.3.1 节中通过 ProtoBuf 定义生成的商品服务的类对象，backend-client 为后台应用的客户端程序的引用。

针对 gRPC 的商品服务，创建服务类 GoodsService，代码如下所示。

```
package com.demo.middle.grpc.service;

import com.demo.backend.client.feign.GoodsClient;
import com.demo.backend.client.utils.MessageSet;
import com.demo.backend.client.vo.GoodsVo;
import com.demo.grpc.goods.service.*;
import com.google.gson.Gson;
import io.grpc.stub.StreamObserver;
import lombok.extern.slf4j.Slf4j;
import net.devh.boot.grpc.server.service.GrpcService;
import org.springframework.beans.factory.annotation.Autowired;


@GrpcService
@Slf4j
public class GoodsService extends GoodsServiceGrpc.GoodsServiceImplBase {
    @Autowired
    private GoodsClient goodsClient;

    @Override
    public void getGoodsInfo(GoodsRequest request, StreamObserver<GoodsReply>
responseObserver) {
        log.info("GoodsService request param is {}", request.getGoodsId());
        try {
            MessageSet messageSet =
goodsClient.getGoodsInfo(request.getGoodsId());
            if (messageSet.getCode() == 200) {
                Object object = messageSet.getResult();
                Gson gson = new Gson();
                GoodsVo goodsVo = gson.fromJson(gson.toJson(object), GoodsVo.class);

                GoodsReply reply = GoodsReply.newBuilder()
                        .setName(goodsVo.getName())
                        .setPrice(goodsVo.getPrice())
                        .setSums(goodsVo.getSums())
                        .setImage(goodsVo.getImage())
                        .build();

                responseObserver.onNext(reply);
                responseObserver.onCompleted();
            }
        }catch (Exception e){
            e.printStackTrace();
```

```
                log.info("GoodsService error: {}", e.getMessage());
            }
        }

        @Override
        public void getGoodsList(ListSizeRequest request,
    StreamObserver<GoodsListResponse> responseObserver) {
            log.info("GoodsService request param is {}", request.getSize());
            try {
                //实际调用时使用列表查询,暂时demo列表返回一条数据
                MessageSet messageSet = goodsClient.getGoodsInfo("1");
                if (messageSet.getCode() == 200) {
                    Object object = messageSet.getResult();
                    Gson gson = new Gson();
                    GoodsVo goodsVo = gson.fromJson(gson.toJson(object), GoodsVo.class);

                    GoodsReply goods = GoodsReply.newBuilder()
                            .setName(goodsVo.getName())
                            .setPrice(goodsVo.getPrice())
                            .setSums(goodsVo.getSums())
                            .setImage(goodsVo.getImage())
                            .build();

                    GoodsListResponse reply = GoodsListResponse.newBuilder()
                            .setGoodsList(0, goods)
                            .build();

                    responseObserver.onNext(reply);
                    responseObserver.onCompleted();
                }
            }catch (Exception e){
                e.printStackTrace();
                log.info("GoodsService error: {}", e.getMessage());
            }
        }
    }
```

其中,注解@GrpcService标注该类为gRPC的服务端程序。getGoodsInfo()方法中实现了商品信息查询的设计,首先通过使用后台应用的客户端接口GoodsClient取得商品信息数据,然后将商品数据转化为GoodsReply对象返回给gRPC客户端。getGoodsList()方法实现了商品列表查询的设计。首先通过后台应用查出商品列表数据,然后将商品数据逐条转化为GoodsReply,再将GoodsReply组装成列表对象GoodsListResponse返回给客户端。因为后台应用的商品服务没有提供列表查询的功能,所以在列表查询设计中,只使用一条数据构造一个商品列表。

完成服务端程序设计之后,必须通过应用的配置文件application.xml设定gRPC服务端的端口配置,配置如下所示。

```
grpc:
  server:
    port: 0
```

端口设置为 0,表示将由程序自动生成端口号。在本书实例的 gRPC 客户端程序设计中,将使用微服务的方式调用 gRPC 服务端,所以这里忽略了端口号的设置。如果直接调用 gRPC 服务端的接口,可以在上面配置中设定一个端口号,由客户端通过端口进行调用。

gRPC 服务端的测试必须结合客户端的调用一起进行,所以将在第 4 章中结合前台应用的开发实例进行相关讲解。

3.4 小结

本章通过介绍两个中台应用的实例开发,提供了使用不同通信协议的中台应用开发的方法,同时也说明使用相同的后台资源,通过中台应用设计,可以为不同业务类型的前台应用实现不同的服务方式。

中台应用是一个服务中间件,在提供接口服务的基础上,可以进行安全管理和分布式事务管理等方面的扩展设计。此外,必须关注并发性和接口调用的性能,所以在设计中必须遵守微服务设计中的轻量化原则。

第4章

前台设计与开发

因为使用的应用终端、业务类型以及开发工具不同，前台应用的设计与开发将富有多样选择性，如 PC 端应用、移动端 H5 应用、小程序应用和各种 App 等。本章将介绍两个前台应用实例，一个是使用流行的前台应用开发框架 Vue.js 设计的应用，另一个是使用 Spring Boot 开发的面向移动终端的 H5 应用。

4.1 基于 Vue.js 的前台应用设计

Vue.js 是一个优秀的前端开发框架，它具有丰富的类库和插件库。相比 React.js 和 Angular.js，Vue.js 的组件化架构、暂进式设计模式、响应式数据绑定及优秀的性能表现，都使其得到更多前端开发者的青睐。

在前台应用项目 front-vue 中，提供了一个简单的应用实例，实现了用户登录设计以及与中台服务接口的对接。下面将针对这个项目，对程序的逻辑结构和实现功能做一个简要的说明和讲解。

前台应用 front-vue 通过使用 Vue+Webpack 的方式创建项目，相关的知识和帮助文档可以参考各大社区的介绍，或者从下列网站进行详细的了解。

```
https://cn.vuejs.org/
https://www.webpackjs.com/
```

4.1.1 主程序脚本与路由配置

打开实例代码中的前台应用项目 front-vue。在项目的 src 根目录中，有一个主程序脚本文件 main.js，应用启动时将使用这个程序加载一些需要用到的类库和组件，程序代码如下所示。

```
// The Vue build version to load with the`import` command
// (runtime - only or standalone) has been set in webpack.base.conf with an alias.
import Vue from 'vue'
import FastClick from 'fastclick'
import App from './App'
import router from './router'
import 'lib - flexible'
import { ToastPlugin, AlertPlugin, ConfirmPlugin } from 'vux'

import {Dialog} from 'vant';
import 'vant/lib/index.css';

Vue.use(MlUi)
Vue.use(ToastPlugin)
Vue.use(AlertPlugin)
Vue.use(ConfirmPlugin)

Vue.use(Dialog)
Vue.directive('focus', {
    inserted: function (el) {
        el.focus()
    }
})

FastClick.attach(document.body)

Vue.config.productionTip = false

export const app = new Vue({
    router,
    render: h => h(App)
}).$mount('#app - box')
```

这个脚本程序由项目生成工具生成，然后根据项目需要，在其原有的基础上增加 vant、vux 等组件的引用。在后面的设计中，将使用 vant 组件提供的对话框 Dialog 控件，以及 vux 组件提供的提示框控件 ToastPlugin、AlertPlugin 和 ConfirmPlugin 等。程序脚本的最后部分使用了路由 router，并且将其渲染到视图 App 中。

下面介绍视图 App 和路由 router 的设计。视图 App 的设计在 App.vue 中实现，这是一个由代码生成器生成的应用页面视图设计，程序代码如下所示。

```
<template>
  <div id="app">
    <router - view></router - view>
  </div>
</template>
```

```
<script>
export default {
  name: 'app'
}
</script>

<style lang="less">
@import '~vux/src/styles/reset.less';

body {
  background-color: #EFEFEF;
}
 * {
  box-sizing: border-box;
}
 #app {
  width: 100%;
  height: 100%;
}
.vux-tab .vux-tab-item {
  line-height: 1.5625rem !important;
  font-size: 0.4375rem !important;
}
.ml-loading .spinner-one {
  background: #5ab7ff;
}
</style>
```

从这段程序可以看出一个标准的 vue 程序的结构，即基本上由模板(template)、脚本(script)和样式(style)三部分组成。这段程序中只有一个路由视图 router-view，后面程序中的页面设计将首先通过路由指定，然后从这个路由视图中展示出来。项目中的路由设计在程序 index.js 中实现，这里设置了一个主页的路由，代码如下所示。

```
import Vue from 'vue'
import Router from 'vue-router'

import Home from '@/pages/home'

Vue.use(Router)

const router = new Router({
  routes: [
    {
      path: '/',
      name: 'Home',
      component: Home,
      meta: {
```

```
            title: 'Api Demo'
          }
        }
      ]
})
router.beforeEach((to, from, next) => {
  if (to.meta.title) {
    document.title = to.meta.title
  }
  next()

})
export default router
```

这段代码设置了主页的路径为/,主页的名称为 Home,主页的标题为 Api Demo,主页的程序为/pages/home。应用启动后,通过浏览器访问,将通过路由配置打开应用主页。

4.1.2 主页页面设计

主页的页面设计在程序文件 home.vue 中实现,其模板设计的部分代码如下所示。

```
<template>
  <div class="index">
    <div class="slide">
      <swiper auto loop dots-position="center">
        <swiper-item v-for="(item, index) in items" :key="index">
          <img :src="item" class="slide-img">
        </swiper-item>
      </swiper>
    </div>
    <div class="content">
       <div class="input-div">
          <img src="../../static/images/icon/user.png" class="icon-img"/>
          <x-input
              class="input"
              placeholder="用户名"
              ref="name"
              v-model="name"
              :required="false"
              :show-clear="false"
          ></x-input>
       </div>
       <div class="input-div">
          <img src="../../static/images/icon/pass.png" class="icon-img" />
          <x-input
                class="input"
                placeholder="密码"
```

```
                    type = "password"
                    ref = "password"
                    v - model = "password"
                    :required = "false"
                    :show - clear = "false"
                ></x - input>
            </div>
        <x - button
            @click.native = "setUserLogin()"
            style = "background - color: #5AB7FF; color: #ffffff; width: 45%; margin - top:
0.5rem; margin - bottom: 0.5rem"
        >登录</x - button>
        <x - button
            @click.native = "setUserLogout()"
            style = "background - color: #5AB7FF; color: #ffffff; width: 45%; margin - top:
0.5rem; margin - bottom: 0.5rem"
        >退出</x - button>
        <img src = "../../static/images/b1.png" class = "slide - img" />
          <x - button
            :loading = "loading"
            :disabled = "loading"
            @click.native = "getUserInfoFrom()"
            style = "background - color: #5AB7FF; color: #ffffff; width: 95%; margin - top:
0.5rem; margin - bottom: 0.5rem"
          >{{loading?'查询中...':'用户信息查询'}}</x - button>
    </div>
    <!-- 对话框 -->
    <van - dialog v - model = "showInfo" style = "max - height:70%;overflow - y:auto" @
confirm = "closeShow">
      <div slot = "title" style = "font - size:20px;"> API 返回信息</div>
      <div class = "cardItem">
        <div style = "width:70%;">
          <div>姓名:{{userInfo.name}}</div>
          <div>性别:{{userInfo.sex}}</div>
          <div>手机号:{{userInfo.phone}}</div>
          <div>地址:{{userInfo.addr}}</div>
        </div>
        <div style = "width:25%;margin - left:5%;">
          <img style = "width:100%;height:100%;" :src = "userInfo.photo" alt />
        </div>
      </div>
    </van - dialog>
  </div>
</template>
```

这个模板设计主要包含了以下四部分的功能。

◇ 在页面开头使用轮播图片控件播放图片，轮播图片通过变量 items 导入。

◇ 输入框控件 x-input 提供了用户名和密码的输入框设计。

◇ 按钮控件 x-button 提供了登录、退出和用户信息查询按钮的设计，各个按钮通过单击事件@click. native 指定所执行的操作方法。

◇ 对话框控件 van-dialog 用来显示查询返回的信息。对话框默认为隐藏状态。

这个模板是针对移动端设备进行设计的，设计完成后的效果展示如图 4-1 所示。

图 4-1 front-vue 前台应用主页效果图

主页设计程序 home. vue 中，脚本程序的代码如下所示。

```
<script>
import { getUserInfo, userLogin } from "../api/restapi.js";
import { Swiper, SwiperItem, XButton, XInput } from "vux";
import { setStore, getStore } from "@/libs/storage";
export default {
  components: {
    Swiper,
    SwiperItem,
    XButton,
    XInput
  },
  data() {
    return {
      items: [
        "../../static/images/a1.png",
        "../../static/images/a2.png",
```

```
          "../../static/images/a1.png"
        ],
        name: "",
        password: "",
        loading: false,
        showInfo: false,
        userInfo: {}
      };
    },
    methods: {
      async setUserLogin() {
          this.loading = true;
          let params = {
              userName: this.name == ''? 'admin': this.name,
              password: this.password == ''? '123456' : this.password
          };
          userLogin(params).then(res => {
                  this.loading = false;
                  if (res && res.code == 200) {
                    //console.log(res)
                    setStore("Authorization", res.result);
                    this.$vux.toast.show({ text: "登录成功", type: "text" });
                  } else {
                    this.$vux.toast.show({ text: res.message, type: "text" });
                  }
           });
      },
      setUserLogout(){
           setStore("Authorization", "");
           this.$vux.toast.show({ text: "退出成功", type: "text" });
      },
      async getUserInfoFrom() {
              this.loading = true;
               let params = {
                   userName: this.name == ''? 'admin': this.name
               };
              getUserInfo(params).then(res => {
                this.loading = false;
                if (res && res.code == 200) {
                  this.userInfo = res.result;
                  this.showInfo = true;
                } else {
                  this.$vux.toast.show({ text: res.message, type: "text" });
                }
              });
      },
      closeShow(e) {
        this.loading = false;
        this.showInfo = false;
```

```
    }
  }
};
</script>
```

脚本程序由标签< script/>包含，这个脚本程序主要提供了以下三个功能。

◇ 通过 import 导入一些接口方法或组件引用，主要包括接口定义 restapi.js 和 vux 组件等。

◇ 初始化组件和数据，如图片文件列表的赋值和各个控件的初始状态设定等。

◇ 定义了 setUserLogin()、setUserLogout()、getUserInfoFrom()等方法，实现了用户登录、退出和用户信息查询等接口调用的功能。

4.1.3 接口调用与登录设计

接口调用主要使用 axios API 实现。在项目中，通过 src/axios 下的主程序 index.js 设计了接口调用的基本方法，程序内容如下所示。

```
import { LoadingPlugin, ConfirmPlugin, ToastPlugin } from 'vux'
import Vue from 'vue'
Vue.use(LoadingPlugin)
Vue.use(ConfirmPlugin)
Vue.use(ToastPlugin, { position: 'top' })
import axios from 'axios';
const baseURL = require(`../api/config.js`)
import { setStore, getStore, clearStore } from '@/libs/storage'
export const service = axios.create({
      baseURL: baseURL,
      timeout: 12000
});

//加载器
service.interceptors.request.use(config => {
      Vue.$vux.loading.show({
            text: '请稍候..'
      })
      return config;
}, err => {
      return Promise.reject(err);
});

// http response 拦截器
service.interceptors.response.use(response => {
    Vue.$vux.loading.hide()
    const data = response.data;
    switch (data.code) {
```

```
            case 401:
                // 未登录,清除令牌
                setStore('Authorization', '');
                Vue.$vux.toast.text(data.message, 'middle');
                break;
            case 100:
                Vue.$vux.toast.text(data.message, 'middle');
                break;
            default:
                return data;
        }
        return data;
}, (err) => {
        console.log(err, 'err')
        return Promise.reject(err);
});

export const postRequest = (url, params) => {
        return service({
                method: 'post',
                url: url,
                params: params,
                headers: {
                    'Authorization': getStore("Authorization")
                }
        });
};

export const getRequest = (url, params) => {
        return service({
                method: 'get',
                url: url,
                params: params,
                headers: {
                    'Authorization': getStore("Authorization")
                }
        });
};
```

这段程序的主要功能说明如下。

◇ 引用了配置文件 config.js,这是一个设置接口访问网址及其端口的配置文件。

◇ 引用了本地存储的设计 storage,其中包含了本地存储的读写方法。

◇ 定义了一个加载器,用来在接口调用过程中显示加载过程。

◇ 定义了一个拦截器,以处理接口调用的异常情况。

◇ 对应 GET 请求和 POST 请求,定义了统一的 getRequest()和 postRequest()基本方法。这样在后面的接口调用设计中,针对不同的请求类型,只要使用这两个基本方法并传入 URL 和参数,就可以实现对不同接口的调用。这两个方法都在其请求头中带上了用于身份检查的令牌,实现了安全访问的设计。

实现接口调用的基本方法设计后,业务接口调用的设计就相对容易了,项目中的接口调用设计在 api 目录下的程序 restapi.js 中,程序内容如下所示。

```
import { postRequest, getRequest } from '@/axios/index.js'

export const getUserInfo = (params) => {
    return getRequest('/rest/getUserInfo', params)
}

export const getGoodsInfo = (params) => {
  return getRequest('/rest/getGoodsInfo', params)
}

export const userLogin = (params) => {
    return postRequest('/authentication/userLogin', params)
}
```

这段程序主要实现以下三个接口调用的设计。

◇ 设计了 getUserInfo()方法,实现了用户信息查询的功能。

◇ 设计了 getGoodsInfo()方法,实现了商品信息查询的功能。

◇ 设计了 userLogin()方法,实现了用户登录的功能。

至此,基本上覆盖了 front-vue 项目的整体功能。当程序启动运行后,访问主页将打开一个用户登录页面,在登录页面中执行登录并且成功验证后,即可从服务端中取得一个安全令牌,程序将在本地中保存令牌。在接口调用中带上令牌,就可进行正常调用。

完成上面各个程序的开发之后,可以开始进行程序调试。

4.1.4 开发调试与程序打包

对于使用 Vue.js 框架开发的应用项目,必须在本地上安装好 npm 环境才能进行调试。有关 npm 环境的安装和配置,请参考以下网站的说明。

```
https://www.npmjs.cn/
```

安装完成 npm 环境之后,即可进行应用的运行和测试。开始进行应用的调试之前,必须在项目的根目录中执行如下指令,以安装和加载项目所依赖的一些引用组件。

```
npm i
```

项目中所需的组件安装完成之后,就可以使用如下指令在开发环境中启动应用进行调试。

```
npm run dev
```

启动成功之后，程序将会选择默认使用的浏览器，并使用如下链接打开应用首页。

```
http://0.0.0.0:8080/#/
http://localhost:8080
```

这里建议使用 Google Chrome 浏览器进行程序调试。

因为本项目是针对移动端开发的应用，所以为取得更好的显示效果，在浏览器中打开页面之后，右击页面空白处，在弹出的快捷菜单中选择“检查”选项，这样将可以使用调试模式打开页面，如图 4-2 所示。然后在打开的页面中，选择显示设备为移动终端。

图 4-2 front-vue 项目打开调试模式

如果需要进行接口的调用测试，就必须在开发环境中启动后台应用的用户服务 bakckend-user 和中台应用的 middle-rest 服务。有关接口调用的地址在配置文件 config.js 中进行配置，该文件的内容如下所示。

```
const DEV_BASE_URL = 'http://localhost:8011'

const PRO_BASE_URL = 'http://localhost:8011'

module.exports = process.env.NODE_ENV == 'development'? DEV_BASE_URL : PRO_BASE_URL
```

DEV_BASE_URL 针对开发环境，PRO_BASE_URL 针对生产环境，这里将开发环境和生产环境都配置为本地地址 localhost，并且都使用端口 8011，可以在部署时根据实际的环境进行修改。

打开应用主页，执行用户登录。登录成功之后，再单击“用户信息查询”按钮，可以看到如图 4-3 所示的结果。

退出登录后，再次单击“用户信息查询”按钮，将不能正常调用接口，这时系统将提示“用户未登录”。

在调试过程中，可以查看相关中台应用和后台应用的控制台输出日志，以检查接口调用的执行情况。

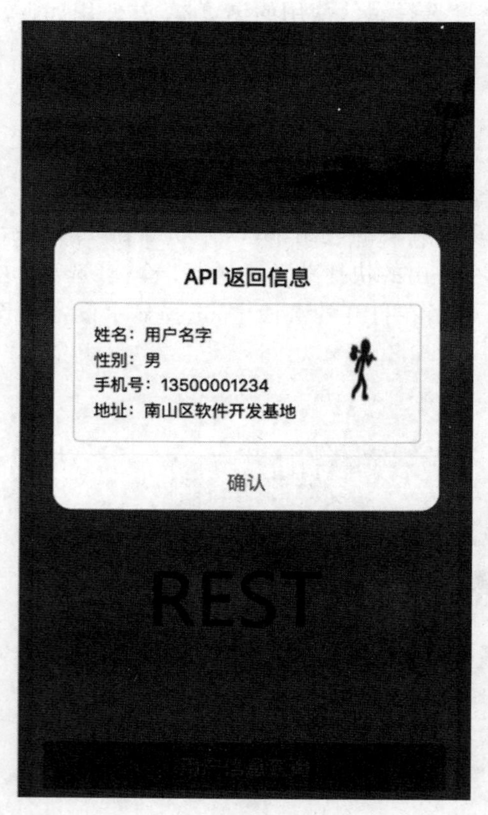

图 4-3　前台应用中的用户查询显示结果

调试完成之后，可以将应用打包，使用 Tomcat 服务器运行应用。执行应用打包，可以使用如下指令。

```
npm run build
```

应用打包完成之后，将生成一个 dist 文件夹，在该文件夹下包含了应用所需要的可执行文件和各种资源文件。

使用 Tomcat 服务器运行应用，首先需要下载一个 Tomcat 安装包，建议选择 9.0 或以上版本。将 Tomcat 程序包解压之后，复制应用程序打包生成的 dist 文件夹，将其放进 Tomcat 安装目录中的 webapps 目录下，并删除 Tomcat 原来的 ROOT 文件夹，然后将 dist 文件夹重新命名为 ROOT。准备就绪后，启动 Tomcat 服务器，即可使用如下链接在浏览器中打开应用首页。

```
http://localhost:8080
```

页面打开的效果与之前应用调试时的结果一样。

4.2 基于 Spring Boot 的前台应用设计

另一个前台应用项目 front-spring 是使用 Spring Boot 开发框架进行开发的，在这个项目中，主要实现与中台应用的 gRPC 服务的对接。Spring Boot 的前端页面设计主要使用 Thymeleaf 组件，脚本设计主要使用 jQuery 工具组件。

4.2.1 使用 Thymeleaf 进行页面设计

打开前台应用项目 front-spring，在项目对象模型 pom.xml 中增加 Thymeleaf 组件的依赖引用，代码如下所示。

```
<dependency>
    <groupId>org.springframework.boot</groupId>
    <artifactId>spring-boot-starter-thymeleaf</artifactId>
</dependency>
```

通过使用 Thymeleaf 组件设计了 H5 主页 index.html，程序代码如下所示。

```
<!DOCTYPE html>
<html xmlns:th="http://www.thymeleaf.org">
<head>
    <title>gRPC Demo</title>
    <link th:href="@{/scripts/artDialog/default.css}" rel="stylesheet"
type="text/css" />
    <link th:href="@{/styles/index.css}" rel="stylesheet" type="text/css"/>
    <link th:href="@{/styles/microApply.css}" rel="stylesheet"
type="text/css"/>
    <link th:href="@{/styles/swiper.css}" rel="stylesheet"
type="text/css"/>

    <script th:src="@{/scripts/jquery.min.js}"></script>
    <script th:src="@{/scripts/artDialog/artDialog.js}"></script>
    <!-- 轮播图 -->
    <script type="text/javascript">
        var index = 0;
        function ChangeImg() {
            index++;
            var a = document.getElementsByClassName("img-slide");
            if(index >= a.length) index = 0;
            for(var i = 0;i < a.length;i++){
                a[i].style.display = 'none';
            }
            a[index].style.display = 'block';
        }
        setInterval(ChangeImg,2000);
```

```
    </script>
    <!-- 对话框 -->
    <script type="text/javascript">
        var artdialog;
        function detail(id){
            $.get("./" + id,{ts:new Date().getTime()},function(data){
                art.dialog({
                    lock:true,
                    opacity:0.3,
                    title: "查询窗口",
                    width:'750px',
                    height: 'auto',
                    left: '50%',
                    top: '50%',
                    content:data,
                    esc: true,
                    init: function(){
                        artdialog = this;
                    },
                    close: function(){
                        artdialog = null;
                    }
                });
            });
        }

        function closeDialog() {
            artdialog.close();
        }
    </script>
</head>
<body>
<div class="headerBox">
    <div class="slide">
        <swiper auto loop dots-position="center">
            <img class="img-slide img1 slide-img" src="../images/a1.png" />
            <img class="img-slide img2 slide-img" src="../images/a2.png" />
            <img class="img-slide img3 slide-img" src="../images/a1.png" />
        </swiper>
    </div>
</div>

<div>
    <form id="queryForm" method="get">
        <div class="dataDetailList mt-12">
            <div>
                <img src="../images/b2.png" class="slide-img"
style="margin-top: 10%;margin-bottom: 10%;" onclick="detail(1)"/>
                <div class="sure"><input class="verifyBtn" onclick="detail(1)"
type="button" value="商品查询"/></div>
```

```
            </div>
        </div>
    </form>
</div>

</body>
</html>
```

这段代码主要实现了以下三个功能。

◇ 在页面上使用一个轮播图插件，按一定时间间隔播放图片。

◇ 使用一个对话框插件，用来显示数据的查询结果。默认状态下对话框为不可见。

◇ 提供一个商品查询的单击事件 onclick，当用户单击“商品查询”按钮时，将通过 jQuery 的脚本程序调用查询接口，将返回结果显示在对话框中。

上述对话框的设计中，对话框的显示内容使用另一个页面 show. html 进行设计，程序代码如下所示。

```
<html xmlns:th = "http://www.thymeleaf.org">
<style type = "text/css">
    .cardItem {
        border - radius: 5px;
        width: 90 % ;
        padding: 5 % ;
        margin: 10px 5 % ;
        border: 1px solid #ddd;
        height: 160px;
        display: flex;
        justify - content: space - between;
        font - size: 30px;
    }
</style>
<div slot = "title" style = "font - size:25px;">商品信息</div>
<div class = "cardItem">
    <div style = "width:70 % ;">
        <div style = "line - height: 35px;" th:text = "'商品:' + ${goods.name}">商品:面包
</div>
        <div style = "line - height: 35px;" th:text = "'价格:' + ${goods.price}">价格:12.10
</div>
        <div style = "line - height: 35px;" th:text = "'数量:' + ${goods.sums}"></div>
    </div>
    <div style = "width:25 % ;margin - left:5 % ;">
        < img style = "width:100 % ;height:100 % ;" th:src = "${goods.photo}" alt />
    </div>
</div>
<div style = "margin - left: 50 % ;">
    <a style = "font - size: xx - large;" class = "btn - 93X38 backBtn"
href = "javascript:closeDialog(0)">关闭</a>
</div>
```

这段代码中，数据显示部分使用 Thymeleaf 的标签语言，即程序中的 th，进行处理，这样即可根据接口返回的对象模型取出相关字段的数据，该程序通过 goods 对象取得相关属性字段并进行显示。

这个主页是面向移动端的，主页设计完成后的显示效果如图 4-4 所示。

图 4-4　Spring Boot 前台应用首页效果图

4.2.2　gRPC 客户端开发

在 front-spring 项目中需要与 gRPC 服务端进行通信，所以还需要进行 gRPC 客户端的相关开发。首先在项目对象模型 pom.xml 中，增加如下依赖引用。

```
<dependency>
    <groupId>net.devh</groupId>
    <artifactId>grpc-client-spring-boot-starter</artifactId>
    <version>2.2.1.RELEASE</version>
</dependency>

<dependency>
    <groupId>com.demo</groupId>
    <artifactId>middle-proto</artifactId>
    <version>1.0.0-SNAPSHOT</version>
</dependency>
```

在这个依赖引用配置中，第一个引用是 gRPC 客户端的服务组件，第二个引用是使用 ProtoBuf 协议定义的商品服务模块。

增加依赖引用之后，再在项目的配置文件 application.yml 中增加连接 gRPC 服务端的配置，代码如下所示。

```
grpc:
  client:
    middle-grpc-service:
      enableKeepAlive: true
      keepAliveWithoutCalls: true
      negotiationType: plaintext
```

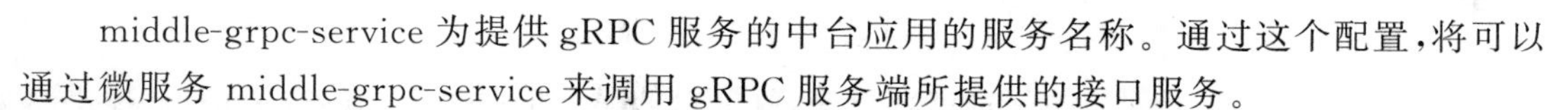

middle-grpc-service 为提供 gRPC 服务的中台应用的服务名称。通过这个配置，将可以通过微服务 middle-grpc-service 来调用 gRPC 服务端所提供的接口服务。

接下来，创建 gRPC 客户端程序调用 gRPC 服务端的接口，代码如下所示。

```
package com.demo.front.spring.service;

import com.demo.grpc.goods.service.GoodsListResponse;
import com.demo.grpc.goods.service.GoodsReply;
import com.demo.grpc.goods.service.GoodsRequest;
import com.demo.grpc.goods.service.GoodsServiceGrpc.GoodsServiceBlockingStub;
import com.demo.grpc.goods.service.ListSizeRequest;
import io.grpc.StatusRuntimeException;
import net.devh.boot.grpc.client.inject.GrpcClient;
import org.springframework.stereotype.Service;


@Service
public class GoodsGrpcClient {

    @GrpcClient("middle-grpc-service")
    private GoodsServiceBlockingStub goodsServiceBlockingStub;

    public Object getGoodsInfo(String id) {
        try {
            GoodsReply response = goodsServiceBlockingStub.getGoodsInfo(GoodsRequest.
newBuilder().setGoodsId(id).build());
            return response;
        } catch (final StatusRuntimeException e) {
            return "grpc error code:" + e.getStatus().getCode();
        }
    }

    public Object getGoodsList(int size) {
        try {
            GoodsListResponse response =
goodsServiceBlockingStub.getGoodsList(ListSizeRequest.newBuilder().setSize(size).build
());
            return response;
        } catch (final StatusRuntimeException e) {
            return "grpc error:" + e.getMessage();
        }
    }
}
```

这段程序实现的功能说明如下。

◇ 使用注解@GrpcClient 连接了中台应用 middle-grpc-service，从中引用了 gRPC 的商品服务对象 GoodsServiceBlockingStub。
◇ 使用 getGoodsInfo()方法从商品服务对象中调用商品信息查询接口。
◇ 使用 getGoodsList()方法从商品服务对象中调用商品列表查询接口。

4.2.3 调用 gRPC 客户端

通过使用 4.2.2 节创建的 gRPC 客户端，就可以创建一个商品查询的服务接口，提供给页面设计中的脚本程序进行调用。在服务接口设计中，使用 gRPC 客户端，就可以像调用本地方法一样调用 gRPC 服务。商品服务接口的设计通过控制器 GoodsClientController 实现，代码如下所示。

```
package com.demo.front.spring.controller;

import com.demo.front.spring.service.GoodsGrpcClient;
import com.demo.grpc.goods.service.GoodsReply;
import org.springframework.ui.ModelMap;
import org.springframework.web.bind.annotation.PathVariable;
import org.springframework.web.bind.annotation.RequestMapping;
import org.springframework.web.bind.annotation.RestController;
import org.springframework.web.servlet.ModelAndView;

import javax.annotation.Resource;


@RestController
@RequestMapping("/goods")
public class GoodsClientController {
    @Resource
    private GoodsGrpcClient goodsGrpcClient;


    @RequestMapping(value = "/index")
    public ModelAndView index(ModelMap model) throws Exception{
        return new ModelAndView("goods/index");
    }

    @RequestMapping(value = "/{id}")
    public ModelAndView getGoodsInfo(@PathVariable String id) {
        GoodsReply goodsReply = (GoodsReply)goodsGrpcClient.getGoodsInfo(id);
        return new ModelAndView("goods/show", "goods", goodsReply);
    }
}
```

控制器设计实现的功能说明如下。

◇ 在 index()方法定义中，通过注解@RequestMapping 设置了一个链接/index，当程序运行后，就可以通过这个链接请求返回应用主页 index.html。

◇ 在 getGoodsInfo()方法定义中，设置了一个带参数的链接/{id}，即在链接中通过商品 ID 进行商品信息查询。当程序请求这个链接时，即可通过调用 gRPC 的客户端 GoodsGrpcClient 提供的 getGoodsInfo()方法取得商品数据。

在 4.2.1 节的脚本定义中，通过 jQuery 脚本，使用如下方法调用了上面所创建的商品信息查询接口。

```
$.get("./" + id,{ts:new Date().getTime()},function(data)
```

ts 参数只用于刷新请求链接，因为有些浏览器检测到链接相同时，将会使用缓存数据。

完成所有设计之后，即可启动 front-spring 前台应用进行测试。在开始测试之前，必须启动存在调用关系的中台应用 middle-grpc 和后台应用 backend-goods。完成启动之后，即可使用如下链接在浏览器中打开应用首页。

```
http://localhost:8082
```

打开首页之后，再将浏览器设为调试模式，并将显示视图改为移动设备，然后在首页页面中单击“商品查询”按钮，即可开始接口调用，执行商品查询的操作。如果客户端接口调用成功，将可以在页面中返回如图 4-5 所示的查询结果。

图 4-5　商品查询结果

在测试的过程中，可以随时观察各个应用的控制台输出日志，以检查各个应用的运行情况。

4.3 小结

本章使用两种完全不同的前端开发框架，开发了两个简单的前台应用。尽管所使用的开发语言不同，但最终的结果是差不多的。这里并没有比较 Vue.js 和 Spring Boot 两种开发方法的优劣，只是说明前端应用可以根据实际需要，使用不同的开发语言和工具来设计。

第5章

应用调试与集成测试

在后台应用和中台应用的开发过程中，接口开发完成之后，可以通过使用 springfox-swagger2 和 springfox-swagger-ui 等开源工具生成接口文档，并在此基础上进行单元测试。而对于前台应用来说，开发的调试更复杂，除了与后端的接口交互外，页面的布局、视图的显示效果和数据的展示方式等都将需要进行大量的微调和修改的工作。所以，在前台应用的开发过程中，将结合程序的热加载功能提高开发的速度和效率。

视频讲解

5.1 开发框架的热加载功能配置

在前台应用开发的过程中，为了方便程序调试，必须配备程序热加载功能。使用热加载功能之后，对页面模版、样式和脚本程序的任何修改，都可以不用重启应用就能立即生效。

Vue.js 开发框架的热加载功能由 Webpack 提供，在使用 Vue+Webpack 方式生成项目时，已经具有热加载的相关功能。例如，在本书实例的前台应用项目 front-vue 中，使用如下指令，即通过开发模式启动应用，程序的任何改动都将触发应用的热加载功能。

```
npm run dev
```

使用 Spring Boot 框架的项目的热加载功能的配置更复杂，下面以 front-spring 项目为例进行说明。

在项目的对象模型 pom.xml 中，增加如下热加载的工具依赖和插件。

```
<dependencies>
    ...

    <!-- 热加载 -->
    <dependency>
        <groupId>org.springframework.boot</groupId>
        <artifactId>spring-boot-devtools</artifactId>
```

```
            <optional>true</optional>
        </dependency>

    </dependencies>

    <build>
        ...
            <!-- 热加载插件配置 -->
            <plugin>
                <groupId>org.springframework.boot</groupId>
                <artifactId>spring-boot-maven-plugin</artifactId>
                <configuration>
                    <fork>true</fork>
                </configuration>
            </plugin>
        </plugins>
    </build>
```

在项目的配置文件 application.yml 中增加如下配置，禁用 Java 源程序改动的热加载功能，即只保留页面相关设计文件更改的热加载功能。

```
#spring devtools 更改 Java 源程序，不使用热加载自动重启
spring:
  devtools:
    restart:
      enabled: false
    livereload:
      enabled: false
```

在 IDEA 开发工具配置中，针对一个项目设置自动编辑功能。如图 5-1 所示，勾选 Build project automatically 选项。

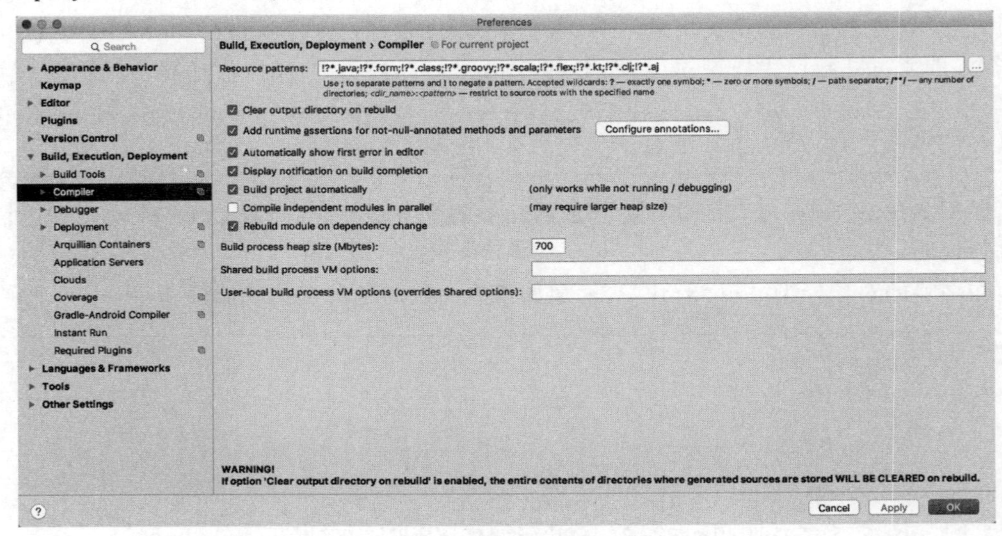

图 5-1 IDEA 自动编译设置

其他开发工具的配置也可以参照这种方法进行设置。

完成设置并在 IDEA 中启动应用之后，再编辑页面元素、样式和脚本时，就能触发程序热加载功能。修改页面或相关脚本之后，刷新页面，就可以看到修改后的效果。

对于使用 Spring Boot 开发框架的项目，只需要在编辑页面及其相关脚本时配置热加载功即可，因为如果修改 Java 源程序触发热加载功能，将会导致应用不停地重启，这样是不合适的。

5.2　使用模拟数据进行调试

在前台应用开发中，页面的细节调整是比较复杂的，数据的展示可以使用模拟数据，不用与中台应用的接口进行对接。在团队开发中也存在前台、后台并发开发的情况，这时也需要使用模拟数据进行调试。模拟测试一般使用 Mock 对象或接口仿真等方法，这里讲解的只是一种简单使用模拟数据的方法。

在前台应用项目 front-vue 中，主页设计 home. vue 的脚本程序中有 getUserInfoFrom()方法，通过这个方法请求接口调用来获取数据。构造 JSON 结构的模拟数据，代码如下所示。

```
async getUserInfoFrom() {
        //模拟数据测试
        this.showInfo = true;
        this.userInfo = {
            "name": "大名字",
            "sex": "男",
            "phone":1111345,
            "addr": "南山区科技园",
            "photo": "../../static/images/c1.png"
        };
}
```

这段代码给数据对象 userInfo 赋值，提供了一个模拟数据，数据结构与从访问接口中返回的数据结构的结果相同。使用了模拟数据之后，前台应用的调试就可以在本身应用中进行，而不必与中台应用进行对接。

同样地，在前台应用项目 front-spring 的控制器 GoodsClientController 设计中，也可以在原来通过接口获取数据的 getGoodsInfo()方法设计中使用模拟数据进行测试，代码如下所示：

```
@RequestMapping(value = "/{id}")
public ModelAndView getGoodsInfo(@PathVariable String id) {
    //测试模拟数据对象
    GoodsVo goods = new GoodsVo();
    goods.setName("测试");
    goods.setPrice("2.10");
    goods.setSums(20);
```

```
    goods.setPhoto("../images/c2.png");
    return new ModelAndView("goods/show", "goods", goods);
}
```

这段代码使用 GoodsVo 对象定义了模拟数据，这与接口调用时返回的对象相同。

通过模拟数据的使用，在前台应用开发中可以专注页面的设计，而不必受到接口对接的影响。

5.3 离开开发环境的集成测试

当所有项目的程序都完成开发之后，必须进行集成测试。初始阶段可以在开发环境中进行，之后需要搭建一个测试环境，用来做集成测试以及一般的功能测试和性能测试。

下面说明如何离开开发环境进行集成测试。这里在本地的 Mac OS 单机环境中进行，如果在测试环境中，前台应用与中台应用部署在不同的机器上，接口调用地址不能使用 localhost，而应改为相对应的机器的 IP 地址。

使用 Spring Boot 开发框架的项目可以在 Maven 项目管理工具中执行打包操作。如图 5-2 所示，在后台项目 cloud-backend 中，打开 Maven 项目管理工具，然后在项目的根目录(root)下展开 Lifecycle，双击 package 操作选项执行打包操作。

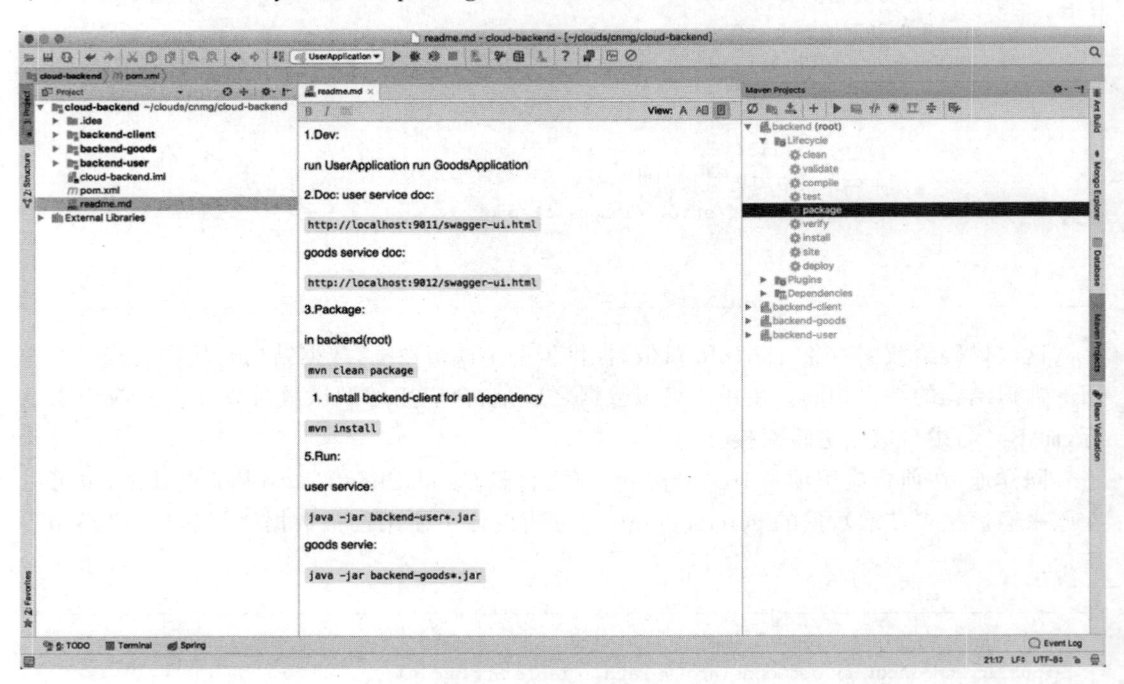

图 5-2 应用项目打包示例

打包完成之后，将会在项目的根目录下生成 target 目录，target 目录包含生成的目标文件和 jar 包。

如果在本地机器中安装了 Maven 工具，也可以打开命令终端窗口，将路径切换到项目根目录中，输入如下指令执行打包操作。

```
mvn clean package
```

打包完成之后，可以使用命令终端窗口，在项目的 target 目录中执行 Java 指令启动应用，或者将打包生成的 jar 包复制到其他目录中执行。例如，对于后台应用的用户服务项目 backend-user，打包完成后可以使用如下指令启动应用程序。

```
java - jar backend - user - 1.0.0 - SNAPSHOT.jar
```

注意，启动应用程序之前，注册中心 Consul 必须准备就绪。如果启动成功，将可看到类似如图 5-3 所示的页面。

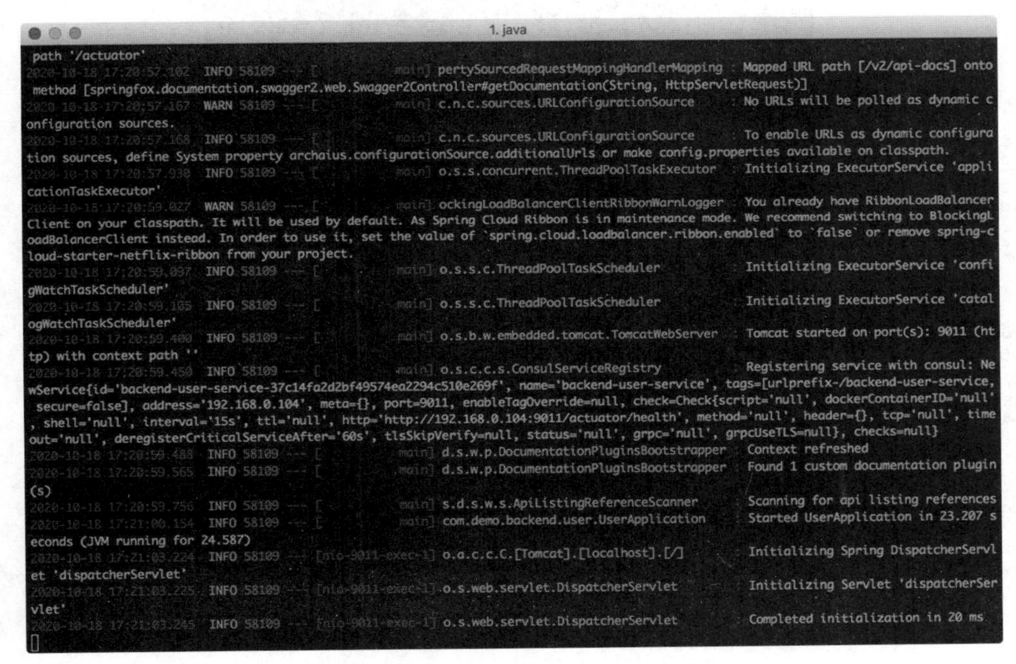

图 5-3 在命令终端中启动后台用户服务应用

中台应用项目 cloud-middle 和前台应用项目 front-spring 也都可以参照上面的方法执行打包操作，然后在命令终端窗口中使用 Java 指令运行应用。

对于使用 Vue.js 开发框架开发的前台应用 front-vue 项目，需要使用 npm 指令进行打包。打开命令终端窗口，将路径切换到项目的根目录中，然后输入如下指令进行打包。

```
npm run build
```

打包完成之后，将会在项目的根目录下生成一个 dist 目录，该目录中包含打包生成的目标文件。

前台应用项目 front-vue 离开开发环境时，需要服务器的支持才能运行，这里选择使用

Tomcat 容器，Tomcat 容器可以使用 9.0 或以上版本。假设本地机器中已经安装了 Tomcat，当 front-vue 应用打包完成之后，可以将生成的整个 dist 文件夹复制到 Tomcat 安装位置中的应用目录 webapps 下，然后删除原来的 ROOT 文件夹，将 dist 改为 ROOT。这时，在命令终端窗口中，切换到 Tomcat 的 bin 目录下，执行 startup.sh 启动 Tomcat 服务器，即可运行应用，如图 5-4 所示。

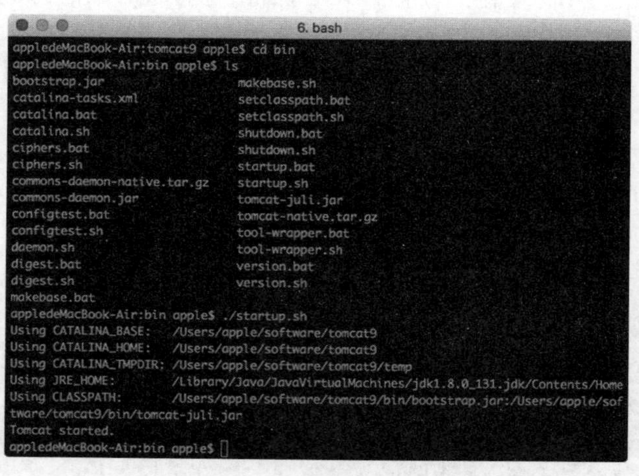

图 5-4 Tomcat 启动实例

当所有实例都完成打包，并且各个应用都启动之后，可以通过 Consul 控制台查看已经启动的服务，如图 5-5 所示。

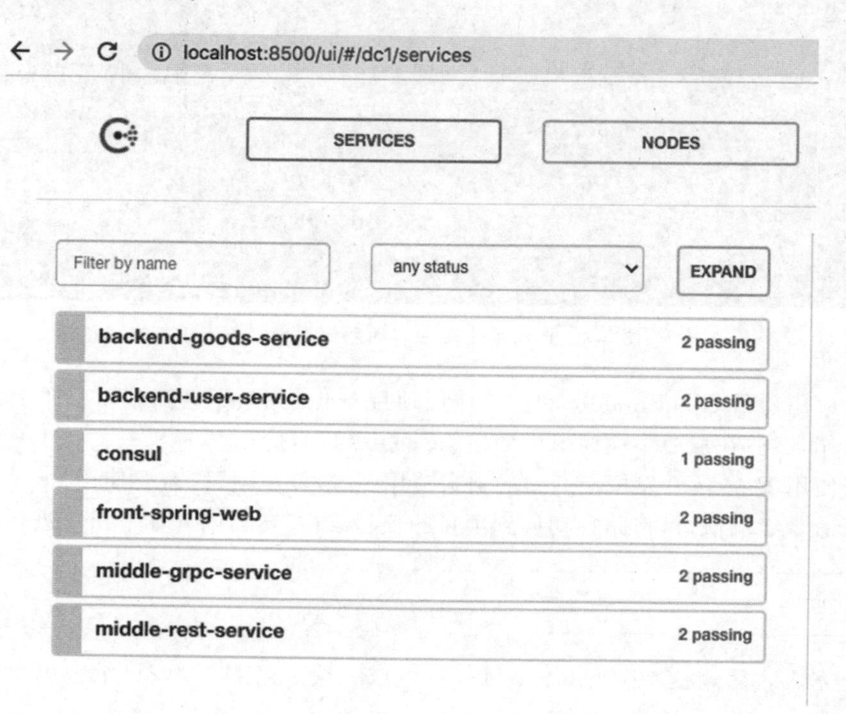

图 5-5 Consul 控制台中实例应用启动情况

可以看到，后台服务 backend-goods-service 和 backend-user-service、中台服务 middle-grpc-service 和 middle-rest-service 以及前台应用 front-spring-web 都已经成功运行，但另一个前台应用 front-vue 不在列表中，这是因为这个应用并不需要连接注册中心。接下来，通过浏览器打开前台应用进行集成测试。对于 front-vue 应用，可以使用如下网址打开。

```
http: //localhost: 8080/
```

注意，使用浏览器打开应用首页之后，请切换到调试模式，然后选择移动设备方式进行展示。

打开页面之后，执行用户登录，如果登录成功，即可进行与其他业务接口连接的相关测试，如图 5-6 所示。

图 5-6 front-vue 前台应用登录成功结果

需要说明的是，为了方便测试，在执行登录操作时，如果没有输入用户名和密码，程序将默认使用 admin 和 123456 作为登录用户的用户名和密码。如果在输入密码时出现错误，登录验证将不能通过。此外，因为后台用户服务使用模拟数据方式返回数据，所以对用户名参数并没有进行检测。如果退出登录状态或者令牌已经过期，进行用户信息查询操作时，系统将会提示用户未登录，必须重新登录之后才能正常访问接口服务。

另一个前台应用 front-spring 可以使用如下网址打开。

```
http://localhost:8082/
```

同样地，使用浏览器打开应用首页后，需要切换到调试模式，然后选择移动设备方式进行展示。

这个应用没有提供安全访问策略设计，所以打开应用首页之后，即可进行商品查询测试。

5.4 分布式环境与真机测试

如果条件允许，可以将实例项目中的应用通过分布式环境进行测试，即在同一个局域网中，不同应用使用不同的机器进行部署和运行，然后进行测试。需要注意以下四点。

◇ 必须有一台机器部署 Consul 服务。

◇ 各个项目连接注册中心的 IP 地址必须更改为 Consul 服务所在机器的 IP 地址。

◇ 在 front-vue 项目中，连接接口服务的地址必须更改为中台项目 middle-rest 服务所在的 IP 地址。

◇ 访问前台应用时，需要根据前台应用发布服务的 IP 地址进行访问。

在手机上通过浏览器打开前台应用，进行相关测试。注意，测试的手机必须与发布应用的机器处在同一个局域网中。图 5-7 和图 5-8 分别展示了两个前台应用在手机上打开的测试效果。

图 5-7 front-vue 应用手机测试效果

图 5-8 front-spring 应用手机测试效果

5.5 实现自动化测试

在应用程序测试过程中，更多的工作在于功能测试和性能测试。除了测试人员的人工操作，还可以使用各种测试工具，如 Loadrunner、jMeter、MeterSphere、Selenium 等。其中，MeterSphere 是一个开源的测试平台，有兴趣的读者可以使用如下链接查看其说明文档。

```
https://metersphere.io/docs/index.html
```

这里使用 Selenium 测试工具在使用 Spring Boot 开发框架的项目中实现自动化测试。Selenium 测试工具通过使用浏览器驱动，在程序中模拟在浏览器中的真实操作，然后通过断言来判断测试结果是否达到预期，从而实现了测试的自动化。

下面使用前台应用项目 front-spring 演示这个测试工具的使用方法。首先在项目对象模型 pom.xml 配置中，增加 Selenium 工具的依赖引用，代码如下所示。

```
<dependency>
    <groupId>org.seleniumhq.selenium</groupId>
    <artifactId>selenium-java</artifactId>
    <version>3.14.0</version>
</dependency>
```

然后，根据在开发环境中使用的浏览器，下载浏览器驱动。例如，如果使用 Google Chrome 浏览器，可以使用如下网站镜像快速下载所需版本的浏览器驱动程序。

```
http://npm.taobao.org/mirrors/chromedriver/
```

选择版本后，根据所使用的操作系统选择下载包，如图 5-9 所示。

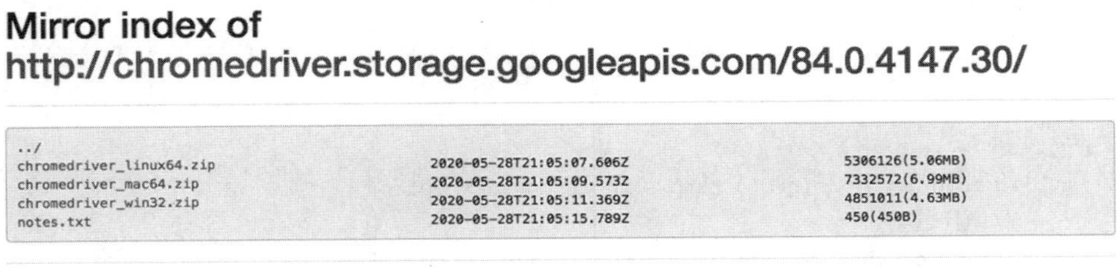

Mirror index of
http://chromedriver.storage.googleapis.com/84.0.4147.30/

```
../
chromedriver_linux64.zip    2020-05-28T21:05:07.606Z    5306126(5.06MB)
chromedriver_mac64.zip      2020-05-28T21:05:09.573Z    7332572(6.99MB)
chromedriver_win32.zip      2020-05-28T21:05:11.369Z    4851011(4.63MB)
notes.txt                   2020-05-28T21:05:15.789Z    450(450B)
```

图 5-9 浏览器驱动程序下载

接下来，创建测试用例开启自动化测试。测试用例的代码如下所示。

```
package com.demo.front.spring.test;

import com.demo.front.spring.FrontApplication;
```

```
import org.junit.AfterClass;
import org.junit.BeforeClass;
import org.junit.Test;
import org.junit.runner.RunWith;
import org.openqa.selenium.WebElement;
import org.openqa.selenium.chrome.ChromeDriver;
import org.springframework.boot.test.context.SpringBootTest;
import org.springframework.test.context.junit4.SpringJUnit4ClassRunner;

import java.util.concurrent.TimeUnit;

import static org.junit.Assert.assertEquals;


@RunWith(SpringJUnit4ClassRunner.class)
@SpringBootTest(classes = FrontApplication.class, webEnvironment =
SpringBootTest.WebEnvironment.RANDOM_PORT)
public class ServerWebTests {

    private static ChromeDriver browser;

    @BeforeClass
    public static void openBrowser() {
        //打开浏览器
        System.setProperty("webdriver.chrome.driver","/Users/apple/Downloads/
chromedriver");
        browser = new ChromeDriver();
        browser.manage().timeouts().implicitlyWait(10, TimeUnit.SECONDS);
    }

    @AfterClass
    public static void closeBrowser() {
        //关闭浏览器
        browser.quit();
    }


    @Test
    public void getGoodsInfo() throws InterruptedException {
        // 测试链接
        String baseUrl = "http://localhost:8082/goods/1" ;
        browser.get(baseUrl);

        //提交表单
//          browser.findElementByName("goodsId").sendKeys("1234");
//          browser.findElementByTagName("form").submit();
```

```
        // 检查测试结果
        WebElement gname = browser.findElementByCssSelector("div.goodsName");
        assertEquals("商品名称不匹配","商品:测试", gname.getText());

        WebElement gprice = browser.findElementByCssSelector("div.goodsPrice");
        assertEquals("商品价格不匹配","价格:2.10", gprice.getText());

        WebElement gsums = browser.findElementByCssSelector("div.goodsSums");
        assertEquals("商品数量不匹配","数量:20", gsums.getText());

    }

}
```

这个测试用例是针对商品查询的，程序功能说明如下。

◇ 进行测试之前，加载驱动 chromedriver 使用 Google Chrome 浏览器。
◇ 使用 http://localhost：8082/goods/1 在浏览器中进行商品查询。
◇ 通过浏览器提交表单(这里因为只有查询功能，所以忽略提交表单的操作)。
◇ 从浏览器中取得返回结果。
◇ 对返回结果进行断言验证。
◇ 测试完成之后关闭浏览器。

在项目的返回结果的页面 show.html 中，设定了相关参数，代码如下所示。

```
   <div style = "width:70 % ;">
         <div style = "line - height: 35px;" th:text = "'商品:' + $ {goods.name}"
class = "goodsName">商品:面包</div>
         <div style = "line - height: 35px;" th:text = "'价格:' + $ {goods.price}"
class = "goodsPrice">价格:12.10 </div>
         <div style = "line - height: 35px;" th:text = "'数量:' + $ {goods.sums}"
class = "goodsSums"></div>
     </div>
```

div 标签中，使用 class 设定返回结果的名字，如 goodsName、goodsPrice 等。

在上述测试的过程中，也可以使用模拟数据进行测试，即在应用项目 front-spring 的控制器 GoodsClientCtroller.java 设计的 getGoodsInfo()方法中，使用如下模拟数据。

```
    @RequestMapping(value = "/{id}")
    public ModelAndView getGoodsInfo(@PathVariable String id) {
    //  GoodsReply goodsReply = (GoodsReply)goodsGrpcClient.getGoodsInfo(id);
        //测试模拟数据对象
        GoodsVo goods = new GoodsVo();
        goods.setName("测试");
        goods.setPrice("2.10");
        goods.setSums(20);
```

```
        goods.setPhoto("../images/c2.png");
        return new ModelAndView("goods/show", "goods", goods);
    }
```

运行 front-spring 应用，然后运行上面的测试用例，即可开始进行测试。如果测试达到预期结果，则说明测试通过，在控制台的状态栏中会显示绿色标志，并提示 1 test passed，如图 5-10 所示。

```
1 test passed – 936ms
2020-12-27 17:56:47.450  INFO 97319 --- [           main] o.apache.catalina.core.StandardService   : Starting service [Tomcat]
2020-12-27 17:56:47.451  INFO 97319 --- [           main] org.apache.catalina.core.StandardEngine  : Starting Servlet engine: [Apache Tomcat/9.0.21]
2020-12-27 17:56:47.826  INFO 97319 --- [           main] o.a.c.c.C.[Tomcat].[localhost].[/]       : Initializing Spring embedded WebApplicationContex
2020-12-27 17:56:47.826  INFO 97319 --- [           main] o.s.web.context.ContextLoader            : Root WebApplicationContext: initialization comple
2020-12-27 17:56:48.292  WARN 97319 --- [           main] c.n.c.sources.URLConfigurationSource     : No URLs will be polled as dynamic configuration s
2020-12-27 17:56:48.292  INFO 97319 --- [           main] c.n.c.sources.URLConfigurationSource     : To enable URLs as dynamic configuration sources,
2020-12-27 17:56:48.308  INFO 97319 --- [           main] c.netflix.config.DynamicPropertyFactory  : DynamicPropertyFactory is initialized with confi
2020-12-27 17:56:51.281  WARN 97319 --- [           main] c.n.c.sources.URLConfigurationSource     : No URLs will be polled as dynamic configuration s
2020-12-27 17:56:51.281  INFO 97319 --- [           main] c.n.c.sources.URLConfigurationSource     : To enable URLs as dynamic configuration sources,
2020-12-27 17:56:52.082  INFO 97319 --- [           main] o.s.s.concurrent.ThreadPoolTaskExecutor  : Initializing ExecutorService 'applicationTaskExec
2020-12-27 17:56:52.790  INFO 97319 --- [           main] o.s.b.a.w.s.WelcomePageHandlerMapping    : Adding welcome page: class path resource [static/
2020-12-27 17:56:52.849  INFO 97319 --- [           main] o.s.s.c.ThreadPoolTaskScheduler          : Initializing ExecutorService 'catalogWatchTaskSch
2020-12-27 17:56:54.103  INFO 97319 --- [           main] o.s.s.c.ThreadPoolTaskScheduler          : Initializing ExecutorService 'configWatchTaskSche
2020-12-27 17:56:54.248  INFO 97319 --- [           main] o.s.b.a.e.web.EndpointLinksResolver      : Exposing 2 endpoint(s) beneath base path '/actuat
2020-12-27 17:56:54.669  INFO 97319 --- [           main] o.s.b.w.embedded.tomcat.TomcatWebServer  : Tomcat started on port(s): 59027 (http) with cont
2020-12-27 17:56:54.707  INFO 97319 --- [           main] o.s.c.c.s.ConsulServiceRegistry          : Registering service with consul: NewService{id='f
2020-12-27 17:56:54.740  INFO 97319 --- [           main] c.demo.front.spring.test.ServerWebTests  : Started ServerWebTests in 24.498 seconds (JVM run
2020-12-27 17:56:55.866  INFO 97319 --- [       Thread-7] o.s.s.c.ThreadPoolTaskScheduler          : Shutting down ExecutorService 'configWatchTaskSch
2020-12-27 17:56:55.868  INFO 97319 --- [       Thread-7] o.s.c.c.s.ConsulServiceRegistry          : Deregistering service with consul: front-spring-w
2020-12-27 17:56:55.878  INFO 97319 --- [       Thread-7] o.s.s.c.ThreadPoolTaskScheduler          : Shutting down ExecutorService 'catalogWatchTaskSc
2020-12-27 17:56:55.879  INFO 97319 --- [       Thread-7] o.s.s.concurrent.ThreadPoolTaskExecutor  : Shutting down ExecutorService 'applicationTaskExe
Disconnected from the target VM, address: '127.0.0.1:58843', transport: 'socket'

Process finished with exit code 0
```

图 5-10　自动测试通过结果

如果测试未达到预期结果，则会返回错误信息，在控制台的状态栏中显示红色标志，并提示 1 test failed。例如，如果在断言中将商品数量的预期结果改为 2，再次测试时将会出现商品数量跟预期结果不匹配的错误，如图 5-11 所示。

```
1 test failed – 1s 166ms
org.junit.ComparisonFailure: 商品数量不匹配
Expected :数量: 0
Actual   :数量: 20
 <Click to see difference>

<1 internal calls>
    at com.demo.front.spring.test.ServerWebTests.getGoodsInfo(ServerWebTests.java:57) <8 internal calls>
    at org.springframework.test.context.junit4.statements.RunBeforeTestExecutionCallbacks.evaluate(RunBeforeTestExecutionCallbacks.java:74)
    at org.springframework.test.context.junit4.statements.RunAfterTestExecutionCallbacks.evaluate(RunAfterTestExecutionCallbacks.java:84)
    at org.springframework.test.context.junit4.statements.RunBeforeTestMethodCallbacks.evaluate(RunBeforeTestMethodCallbacks.java:75)
    at org.springframework.test.context.junit4.statements.RunAfterTestMethodCallbacks.evaluate(RunAfterTestMethodCallbacks.java:86)
    at org.springframework.test.context.junit4.statements.SpringRepeat.evaluate(SpringRepeat.java:84) <1 internal calls>
    at org.springframework.test.context.junit4.SpringJUnit4ClassRunner.runChild(SpringJUnit4ClassRunner.java:251)
    at org.springframework.test.context.junit4.SpringJUnit4ClassRunner.runChild(SpringJUnit4ClassRunner.java:97) <6 internal calls>
    at org.springframework.test.context.junit4.statements.RunBeforeTestClassCallbacks.evaluate(RunBeforeTestClassCallbacks.java:61) <1 internal calls>
    at org.springframework.test.context.junit4.statements.RunAfterTestClassCallbacks.evaluate(RunAfterTestClassCallbacks.java:70) <1 internal calls>
    at org.springframework.test.context.junit4.SpringJUnit4ClassRunner.run(SpringJUnit4ClassRunner.java:190) <5 internal calls>

2020-12-27 17:59:53.071  INFO 98144 --- [       Thread-7] o.s.s.c.ThreadPoolTaskScheduler          : Shutting down ExecutorService 'configWatchTaskSch
2020-12-27 17:59:53.072  INFO 98144 --- [       Thread-7] o.s.c.c.s.ConsulServiceRegistry          : Deregistering service with consul: front-spring-w
2020-12-27 17:59:53.085  INFO 98144 --- [       Thread-7] o.s.s.c.ThreadPoolTaskScheduler          : Shutting down ExecutorService 'catalogWatchTaskSc
2020-12-27 17:59:53.086  INFO 98144 --- [       Thread-7] o.s.s.concurrent.ThreadPoolTaskExecutor  : Shutting down ExecutorService 'applicationTaskExe
Disconnected from the target VM, address: '127.0.0.1:59610', transport: 'socket'
```

图 5-11　自动测试失败结果

错误说明如下所示。

```
org.junit.ComparisonFailure: 商品数量不匹配
Expected :数量:2
Actual :数量:20
```

原本预期返回商品数量为 2，结果返回 20，测试没有达到预期的结果。

通过上面的测试用例可以看出，因为使用浏览器模拟人工的操作过程，从而实现了测试的自动化。

5.6　小结

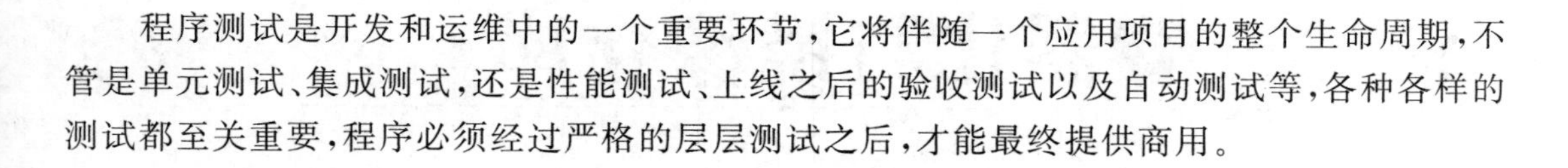

程序测试是开发和运维中的一个重要环节，它将伴随一个应用项目的整个生命周期，不管是单元测试、集成测试，还是性能测试、上线之后的验收测试以及自动测试等，各种各样的测试都至关重要，程序必须经过严格的层层测试之后，才能最终提供商用。

第6章

容器化与镜像仓库

当所开发的应用通过集成测试之后，即可开始考虑上线发布。本书的实例将仿照真实的生产环境，使用 Kubernetes(简称 K8s)部署应用，这将涉及应用程序的容器化和镜像创建等工作。本章将从 Docker 工具的使用开始，带领读者从基础上认识容器化的过程。应用容器化的过程也可作为预生产环境发布的一个实验。为了给镜像提供一个方便存取的地点，本章最后将创建一个私域镜像服务器，为后面 K8s 的部署做好准备。

6.1 容器化基础 Docker 初识

容器化是云原生技术的一个标准规范，也是不可变服务器实施的一种实现方式。本书实例都可以使用 Docker 工具进行容器化处理，从而让部署和迭代过程变得更加流畅。

通过使用 Docker 工具，可以为应用程序创建一个镜像，然后使用镜像来生成容器，运行应用实例。一个镜像可以生成多个容器，相当于为一个应用程序运行多个副本实例。

6.1.1 Docker 安装

下面以 CentOS 7.0 或以上版本的 Docker 为例，进行安装操作的说明。

首先使用如下指令下载基于 CentOS 的安装源。

```
wget https://download.docker.com/linux/centos/docker-ce.repo
```

下载完成之后，使用如下指令安装 Docker 引擎。

```
sudo yum -y install docker-ce
```

安装完成之后,使用如下指令启动 Docker。

```
systemctl enable docker.service
```

启动成功之后,可以使用如下指令查看 Docker 的帮助说明。

```
docker -h
```

如果能正常执行上面指令,则说明 Docker 已经安装成功,并且已经正常运行。如果需要了解更多有关 Docker 的帮助信息,可以通过下列链接查阅官方文档。

```
https://docs.docker.com/
```

6.1.2 使用 Docker 创建镜像

打包应用程序之后,就可以使用 Docker 工具创建镜像,然后使用镜像生成容器并运行应用。镜像与容器的关系就像 Java 的类与实例的关系,类可以生成多个实例,一个镜像可以生成多个容器。

容器化处理的第一步是使用应用的打包文件创建应用的镜像。创建镜像时,必须创建一个 Dockerfile 文本文件,在这个文件中编辑创建镜像的脚本。例如,针对后台应用项目的用户服务 backend-user,可以为其创建一个文件名为 Dockerfile 的文件,在文件中编辑如下内容。

```
FROM java:8
VOLUME /tmp
ADD backend-user-1.0.0-SNAPSHOT.jar app.jar
RUN bash -c 'touch /app.jar'
EXPOSE 9011
ENTRYPOINT ["java","-Djava.security.egd=file:/dev/./urandom","-jar","/app.jar"]
```

在这个脚本中,第一行使用了 java:8 公共镜像,为即将生成的镜像提供了 JDK 1.8 的工作环境。第三行将用户服务的本地打包文件 backend-user-1.0.0-SNAPSHOT.jar 复制为 app.jar。第五行指定程序运行的端口号为 9011,这个设置必须与应用项目的配置文件所指定的端口设定保持一致。最后一行使用 Java 指令运行应用程序。

使用如下指令格式创建镜像。

```
docker build -t <镜像名> <Dockerfile 路径>
```

在创建镜像之前,需要更改应用程序中连接注册中心的配置。原来的程序是在开发环境中运行的,注册中心和应用程序都在本地机器中运行,应用连接注册中心使用本地的 IP 地址 127.0.0.1。但是创建镜像之后,应用将使用镜像在容器中运行,而容器和运行容器的主机(宿主)在两个不同的网络之中,所以必须解决容器与注册中心之间的通信问题,才能让运行在容器中的应用连接上注册中心。只需要将应用程序中连接注册中心的配置,改成主机的局域网IP地址即可,相应地,应用在注册中心中的注册方式也应该改为宿主的主机IP地址加端口的方式。

假如上面容器运行的宿主主机的IP地址为192.168.0.104,注册中心也安装在这台主机上,那么针对backend-user应用,其连接注册中心的配置可以做出如下修改。

```
spring:
  application:
    name: backend-user-service
  cloud:
    consul:
      host: 192.168.0.104
      port: 8500
      discovery:
#         prefer-ip-address: true
        hostname: 192.168.0.104
        # 60s 不能通过检查剔除服务
        health-check-critical-timeout: 60s
        serviceName: ${spring.application.name}
        healthCheckPath: /actuator/health
        healthCheckInterval: 15s
        tags: urlprefix-/${spring.application.name}
        instanceId:
${spring.application.name}:${vcap.application.instance_id:${spring.application.instance_id:${random.value}}}
```

在这个配置中,连接注册中心的IP地址改为192.168.0.104,应用的注册方式改为使用hostname,并在hostname中设定使用宿主的IP地址,这样通过宿主主机的端口映射,应用就能被外部程序发现,并能通过注册中心的健康检查。应用配置更改之后,重新打包,然后再开始创建镜像。

对于backend-user实例,可以把应用的jar包,即backend-user-1.0.0-SNAPSHOT.jar和Dockerfile文件,放在一个目录中,然后使用创建镜像的指令设定镜像名字为backend-user:1.0.0,1.0.0指定镜像的版本号。镜像创建指令及其执行的结果如下所示。

```
$ docker build -t backend-user:1.0.0 .
Sending build context to Docker daemon 495.2MB
Step 1/6 : FROM java:8
 ---> d23bdf5b1b1b
Step 2/6 : VOLUME /tmp
 ---> Running in 7cfe91d144a9
Removing intermediate container 7cfe91d144a9
 ---> a1265f25a2f9
Step 3/6 : ADD backend-user-1.0.0-SNAPSHOT.jar app.jar
 ---> 9f6fab6e634a
```

```
Step 4/6 : RUN bash -c 'touch /app.jar'
 ---> Running in 249bb69cee40
Removing intermediate container 249bb69cee40
 ---> cae84af04885
Step 5/6 : EXPOSE 9011
 ---> Running in e0513bb44598
Removing intermediate container e0513bb44598
 ---> 0d42d2627069
Step 6/6 : ENTRYPOINT
["java","-Djava.security.egd=file:/dev/./urandom","-jar","/app.jar"]
 ---> Running in 719434b0620e
Removing intermediate container 719434b0620e
 ---> 03f03c281d81
Successfully built 03f03c281d81
Successfully tagged backend-user:1.0.0
```

从最后一行可以看出，镜像 backend-user：1.0.0 已经成功创建。

如果是第一次创建这种类型的镜像，则需要从公共镜像仓库中拉取 java：8 镜像，这需要花费一定的时间。为了能在其他机器上快速使用 java：8 镜像，以减少连接网络花费的下载时间，可以使用如下指令将该镜像存进本地文件中。

```
sudo docker save -o java8.tar java:8
```

将生成的文件 java8.tar 上传到其他机器上，就可以使用如下指令导入镜像，达到快速复制镜像的目的。

```
sudo docker load --input java8.tar
```

镜像创建之后，如果要查看本地机器上的镜像，可以使用如下指令。显示本地镜像的列表。

```
docker images
```

6.1.3　使用 Docker 运行应用

创建镜像之后，就可以使用镜像生成容器并运行应用。

以下指令使用 6.1.2 节创建的镜像运行后台应用的用户服务，并将生成的容器命名为 backend-user1。

```
docker run --name backend-user1 -d -p 9011:9011 backend-user:1.0.0
```

9011:9011 设定容器运行的宿主主机和容器的端口都为 9011。

应用在容器中运行之后，可以使用如下指令查看运行中的容器。

```
docker ps
```

可以使用如下指令查看容器运行时应用的控制台输出日志。

```
docker logs backend - user1
```

正常启动应用之后，可以通过 Consul 控制台查看应用的注册情况及其健康检查状态。在 Consul 控制台上查看到的用户服务的健康检查状态，如图 6-1 所示。

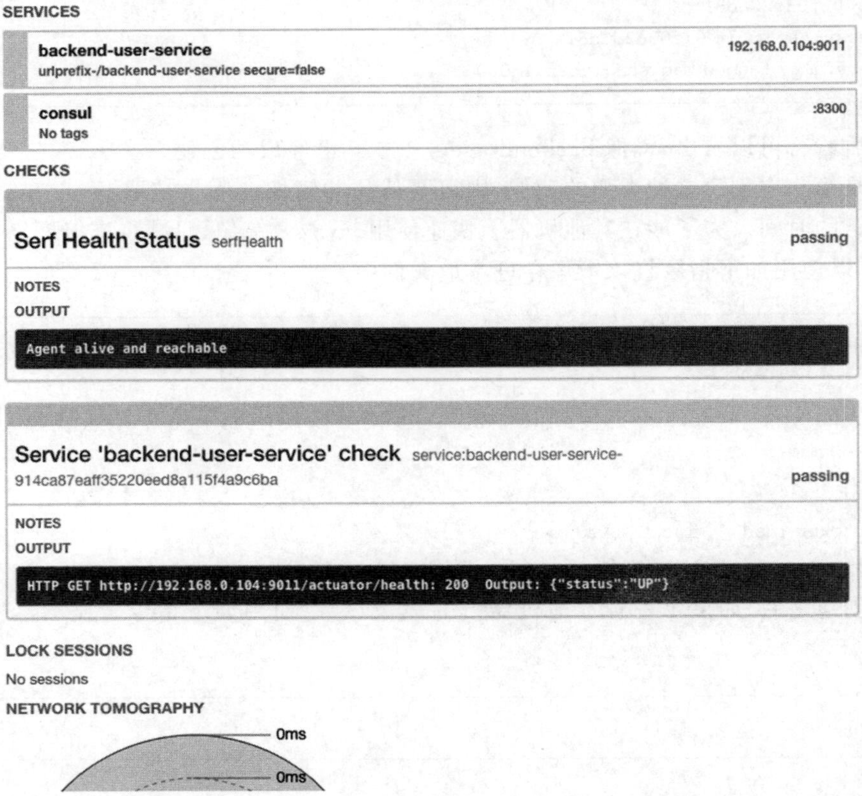

SERVICES

backend-user-service 192.168.0.104:9011
urlprefix-/backend-user-service secure=false

consul :8300
No tags

CHECKS

Serf Health Status serfHealth passing

NOTES
OUTPUT

Agent alive and reachable

Service 'backend-user-service' check service:backend-user-service-914ca87eaff35220eed8a115f4a9c6ba passing

NOTES
OUTPUT

HTTP GET http://192.168.0.104:9011/actuator/health: 200 Output: {"status":"UP"}

LOCK SESSIONS
No sessions

NETWORK TOMOGRAPHY
0ms
0ms

图 6-1 容器化运行的用户服务健康状态

从图 6-1 中可以看出，健康检查使用了宿主主机的链接地址和 9011 端口号。

如果要停止上面由 Docker 运行的用户服务，只要停止运行的容器即可，可以使用如下指令。

```
docker stop backend - user1
```

使用 Docker 创建镜像并生成容器之后，再次启动应用，就不再需要使用生成容器的指令，可以直接使用如下指令启动容器。

```
docker start backend - user1
```

如果要删除容器,可以使用如下指令。

```
docker rm backend - user1
```

删除容器时,必须保证容器处于停止运行的状态之中。
如果要删除镜像,可以使用如下指令。

```
docker rmi backend - user:1.0.0
```

删除镜像时,必须保证镜像还没有生成容器,或生成的容器已经删除。

6.2　Consul 的 Docker 集群部署

在预生产环境中,为了保持与生产环境的配置基本一致,Consul 注册中心也必须使用集群的方式进行部署。这里将使用 Docker 工具构建 Consul 的集群部署。即将进行部署的 Consul 集群设计模型,如图 6-2 所示。

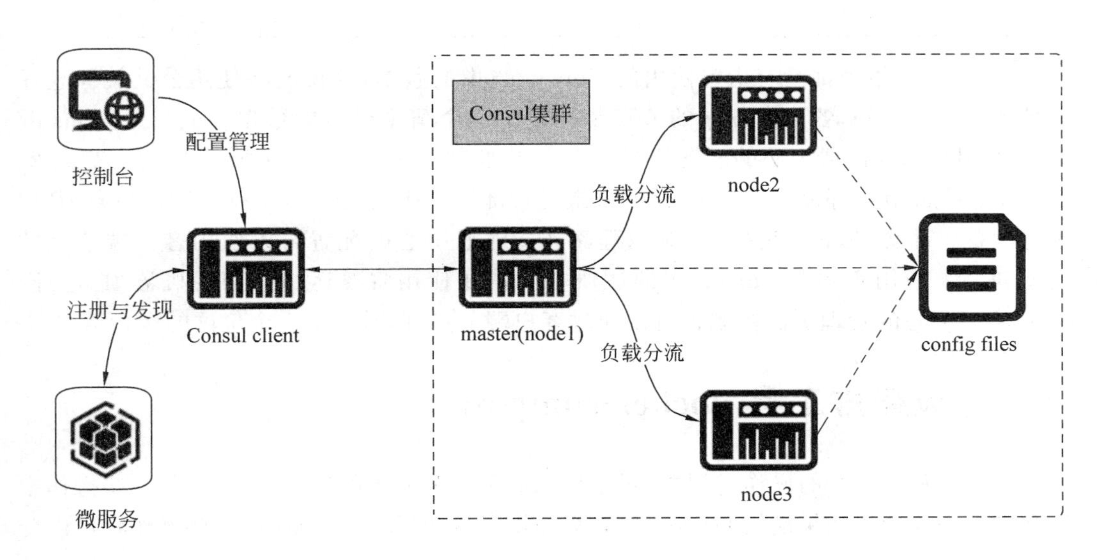

图 6-2　Consul 集群设计模型

从图 6-2 中可以看出,这个设计模型将使用四台机器来搭建一个具有三个服务节点和一个客户端节点的 Consul 集群服务。应用程序通过客户端节点提供的服务来连接注册中心,集群通过 master 来管理各个服务节点,处理负载分流。

下面说明如何使用 Docker 工具部署这个 Consul 集群设计。

使用如下指令进行节点 1(node1、服务端 master)的 Consul 部署。

```
docker run -d -p 8500:8500 --net=host -h consul1 --name consul-node1 -v /consul/data:/consul/data consul agent -server -bind=172.16.0.1 -bootstrap-expect=3 -data-dir /consul/data -node=consul1 -client 0.0.0.0 -ui
```

使用如下指令进行节点 2(node2)的 Consul 部署。

```
docker run -d --net=host --name consul-node2 -v /consul/data:/consul/data consul agent -server -bind=172.16.0.2 -data-dir /consul/data -node=consul2 -disable-host-node-id -join=172.16.0.1
```

使用如下指令进行节点 3(node3)的 Consul 部署。

```
docker run -d --net=host --name consul-node3 -v /consul/data:/consul/data consul agent -server -bind=172.16.0.3 -data-dir /consul/data -node=consul2 -disable-host-node-id -join=172.16.0.1
```

使用如下指令进行客户端节点(client)的 Consul 部署。

```
docker run -d -p 8500:8500 --net=host --name consul-client consul agent -bind=172.16.0.4 -node=consul-client -disable-host-node-id -client=0.0.0.0 -ui -join 172.16.0.1
```

以上 Docker 指令都没有指定使用的 Consul 镜像的版本，这说明将使用公共镜像仓库中的最新版本。另外，各个服务端的节点都配置了一个宿主机器的数据存储目录/consul/data，它将用来保存注册中心的配置数据。节点 1 作为 master 节点必须最先运行，节点 2、节点 3 和客户端节点都以加入 master 的方式进行部署。IP 地址可以根据实际的机器 IP 地址进行设置。部署 Consul 集群后，应用程序连接注册中心的配置可以使用客户端节点的 IP 地址进行。应用实例在 Consul 中的注册方式需要使用将要运行应用的机器 IP 地址。Consul 注册中心的管理页面控制台可以通过客户端节点打开，查看整个集群的运行情况。

6.3 高级编排工具 docker-compose

在 6.1 节和 6.2 节的操作过程中，对于镜像的创建和容器的运行，需要记住一些操作指令且操作有些烦琐。如果使用 Docker 的高级编排工具 docker-compose，这些操作将可以变得更加简便和快捷。

可以通过如下链接并参照官方网站的说明进行 docker-compose 的安装。

```
https://docs.docker.com/compose/install/
```

docker-compose 的安装说明如图 6-3 所示。

需要选择操作系统类型。例如，对于 Linux 系统，需要执行两条指令。第一条指令是下载指定版本号的 docker-compose 的可执行文件，并将其保存到/user/local/bin 可执行文件

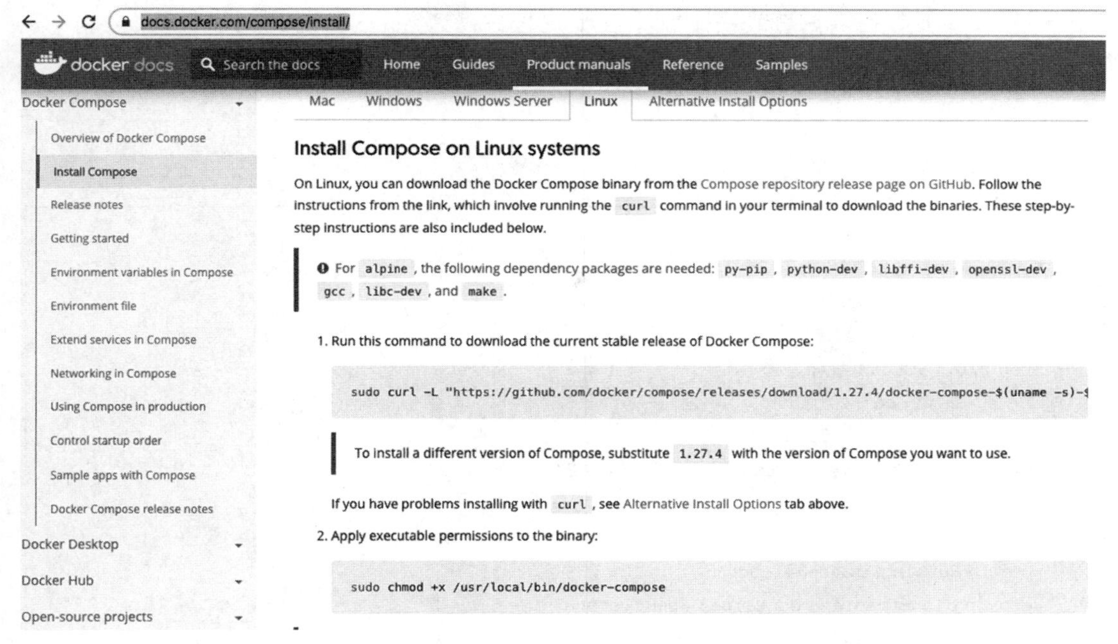

图 6-3　docker-compose 的安装说明

目录之中。

```
sudo curl -L
"https://github.com/docker/compose/releases/download/1.27.4/docker-compose-$(uname -s)-$(uname -m)" -o /usr/local/bin/docker-compose
```

第二条指令是将 docker-compose 设置为可执行文件。

```
sudo chmod +x /usr/local/bin/docker-compose
```

使用 docker-compose 工具部署 backend-user 应用实例，并与 6.1 节使用 Docker 工具进行部署相比较。

首先，创建一个文件夹用来存放部署的文件，这里为 user 文件夹。然后将 backend-user 应用的 jar 包 backend-user-1.0.0-SNAPSHOT.jar 及其 Dockerfile 文件放入该文件夹。在 user 文件夹的上一层路径中，创建一个 docker-compose.yml 文件，编辑如下脚本。

```
backend-user:
  build: ./user
  ports:
    - "9011:9011"
```

这个脚本表示将使用 user 文件夹中的文件创建镜像，还设定宿主机器和容器的端口为 9011。

上述文件准备就绪之后,使用如下指令即可创建镜像,生成容器并运行应用。

```
docker-compose up -d
```

运行效果如下所示。

```
 $ docker-compose up -d
Building backend-user
Step 1/6 : FROM java:8
 ---> d23bdf5b1b1b
Step 2/6 : VOLUME /tmp
 ---> Using cache
 ---> e61a7451339f
Step 3/6 : ADD backend-user-1.0.0-SNAPSHOT.jar app.jar
 ---> 69b1535bfb88
Step 4/6 : RUN bash -c 'touch /app.jar'
 ---> Running in 4be041ebebe3
Removing intermediate container 4be041ebebe3
 ---> a08366063079
Step 5/6 : EXPOSE 9011
 ---> Running in bc875b924877
Removing intermediate container bc875b924877
 ---> 3e9fcfc15c00
Step 6/6 : ENTRYPOINT
["java","-Djava.security.egd=file:/dev/./urandom","-jar","/app.jar"]
 ---> Running in 3ccc19881f0c
Removing intermediate container 3ccc19881f0c
 ---> 916d0bd55baf
Successfully built 916d0bd55baf
Successfully tagged cnmg_backend-user:latest
WARNING: Image for service backend-user was built because it did not already
exist. To rebuild this image you must use `docker-compose build` or `docker-compose up --
build`.
Creating cnmg_backend-user_1 ... done
```

如果要停止正在运行的应用,可以使用如下指令。

```
docker-compose stop
```

如果要停止正在运行的应用并同时删除容器,可以使用如下指令。

```
docker-compose down
```

如果要同时删除镜像,可以在这条指令中再增加一个参数--rmi all。

从上述使用 docker-compose 工具的过程中可以看出,只要设计好部署的编排脚本,应用的部署和更新就变得更加容易和流畅，一般情况下使用 up 和 down 这两个指令就可以了。通过编排脚本发布应用是最终在生产环境中使用的方法，后续章节将使用 K8s 编排脚本来部署和发布应用。

参照上述使用 docker-compose 工具部署的方式，在预生产环境中，可以把前台、中台和后台的应用发布在不同的机器上，即本书实例的应用通过使用不同编排脚本，全面实现容器化。

在应用发布之前，对于后台应用的 backend-goods、中台应用的 middle-rest 和 middle-grpc 以及前台应用的 front-spring 等项目，可以参照 6.1 节部署 backend-user 的方法，更改连接注册中心的相关配置，并按照发布的程序包名字和使用的端口，创建各自的 Dockerfile 文件。然后重新打包各个应用的程序，将 jar 包和 Dockerfile 文件分别存放在为各个应用创建的文件夹中。

例如，对于后台应用，可以创建如下文件夹结构。

```
backend
---- user
---- goods
```

然后将用户服务的部署文件放入 user 文件夹，将商品服务的部署文件放入 goods 文件夹。这样就可以在 backend 文件夹下创建一个 docker-compose.yml 文件，输入如下编排脚本，发布实例中的两个后台应用。

```
backend-user:
  build: ./user
  ports:
    - "9011:9011"
backend-goods:
  build: ./goods
  ports:
    - "9012:9012"
```

参照上面的方法，实例中的两个中台应用可以使用如下编排脚本进行发布。

```
middle-rest:
  build: ./rest
  ports:
    - "8011:8011"
middle-grpc:
  build: ./grpc
  ports:
    - "8012:8012"
```

对于前台应用项目 front-vue，创建镜像的方法有些不同，将使用 Tomcat 镜像而不使用 Java 镜像，其 Dockerfile 文件的内容如下所示。

```
FROM tomcat
RUN rm -rf /usr/local/tomcat/webapps/*
COPY dist /usr/local/tomcat/webapps/ROOT
ENV TZ=Asia/Shanghai
RUN ln -snf /usr/share/zoneinfo/$TZ /etc/localtime && echo $TZ > /etc/timezone
```

可以看出，程序文件是项目打包生成的整个 dist 目录，其中 Tomcat 镜像使用最新版本。注意，这里没有端口号的相关配置，表示将使用 Tomcat 服务器的默认端口号 8080。如果需要修改端口号，可以在上面脚本中的最后一条 RUN 指令之前，插入如下指令。

```
RUN sed -i 's|"8080"|"8081"|' /usr/local/tomcat/conf/server.xml
```

默认的 8080 端口将被更改为 8081。

目前暂不更改端口，仍使用默认的端口 8080 发布。这样两个前台应用的部署可以使用如下编排脚本进行发布。

```
front-vue:
  build: ./vue
  ports:
    - "8080:8080"
front-spring:
  build: ./spring
  ports:
    - "8082:8082"
```

需要注意的是，在 front-vue 项目中，连接中台应用接口的配置必须根据中台应用部署的机器 IP 进行更改。

在预发布环境中，部署应用是产品上线前的演练和更加深入的测试，可以熟悉使用 Docker 进行容器化处理的过程，也能及早发现应用可能存在的 Bug，及早修复问题，从而为产品的上线提供充足准备。

6.4 创建私域镜像服务 Harbor

在前面几节使用 Docker 工具进行容器化处理的过程中，应用生成的镜像都是本地镜像。而在 K8s 的容器集群管理中，将会使用镜像仓库存取镜像，这就需要一个私域镜像仓库服务器。可以购买云计算服务商提供的私域镜像服务，也可以自己创建。下面以安装 Harbor 为例，说明创建和使用私域镜像仓库的方法。

Harbor 是 VMware 公司中国团队为企业用户提供的一个开源的私域镜像仓库服务器，包含用户管理、项目管理等一系列企业级的管理功能和安全管控措施。对 Harbor 开源项目有兴趣的读者可以从下列网址中进行访问。

```
https://github.com/goharbor/harbor/
```

在码云中也有相关的项目镜像。

```
https://gitee.com/project_harbor/harbor
```

下面以 CentOS 7.0 或以上版本的操作系统为例，说明 Harbor 的安装方法。假设有一个虚拟机，机器配置使用两个双核 CPU、8GB 内存和 400GB 硬盘容量，并且确认机器上已经安装 Docker 引擎和 docker-compose 编排工具。Harbor 主要使用 docker-compose 编排工具进行部署。

镜像仓库需要使用一个域名，假设有一个主机域名为 demo.com，那么可以为镜像仓库配置如下域名。

```
registry.demo.com
```

使用这个域名，首先需要申请 SSL 数字证书。然后在虚拟机中创建如下目录。

```
mkdir /data/certs
```

将 SSL 证书中的 Nginx 密钥文件上传到该目录下。在虚拟机中切换到目录/opt，使用如下指令下载 Harbor 安装包。

```
wget http://harbor.orientsoft.cn/harbor-v1.5.0/harbor-offline-installer-v1.5.0.tgz
```

下载完成后，使用 tar xvf 指令解压安装包，然后将解压的文件移动到如下目录中。

```
mv harbor /usr/local/harbor
```

切换到安装程序所在的目录。

```
cd /usr/local/harbor
```

修改安装程序的配置文件：

```
vim harbor.cfg
```

以下是一些需要修改的配置内容。

```
hostname = registry.demo.com

ui_url_protocol = https

#The path of cert and key files for nginx, they are applied only the protocol is set to https
ssl_cert = /data/cert/registry.demo.com.crt
```

```
ssl_cert_key = /data/cert/registry.demo.com.key

#The path of secretkey storage
secretkey_path = /data

harbor_admin_password = mypassword
```

注意，上面配置中使用的 SSL 证书文件的名字必须与存放在硬盘中的证书文件的名字一致。另外，配置中的 harbor_admin_password 参数设置了登录控制台的管理员 admin 的密码。

配置修改完成之后，保存并退出。完整的配置文件内容如下所示。

```
## Configuration file of Harbor

#This attribute is for migrator to detect the version of the .cfg file, DO NOT MODIFY!
_version = 1.5.0
#The IP address or hostname to access admin UI and registry service.
#DO NOT use localhost or 127.0.0.1, because Harbor needs to be accessed by external clients.
hostname = registry.demo.com

#The protocol for accessing the UI and token/notification service, by default it is http.
#It can be set to https if ssl is enabled on nginx.
ui_url_protocol = https

#Maximum number of job workers in job service
max_job_workers = 50

#Determine whether or not to generate certificate for the registry's token.
#If the value is on, the prepare script creates new root cert and private key
#for generating token to access the registry. If the value is off the default key/cert will be
used.
#This flag also controls the creation of the notary signer's cert.
customize_crt = on

#The path of cert and key files for nginx, they are applied only the protocol is set to https
ssl_cert = /data/cert/registry.demo.com.crt
ssl_cert_key = /data/cert/registry.demo.com.key

#The path of secretkey storage
secretkey_path = /data

#Admiral's url, comment this attribute, or set its value to NA when Harbor is standalone
admiral_url = NA

#Log files are rotated log_rotate_count times before being removed. If count is 0, old
versions are removed rather than rotated.
log_rotate_count = 50
```

```
#Log files are rotated only if they grow bigger than log_rotate_size bytes. If size is
followed by k, the size is assumed to be in kilobytes.
#If the M is used, the size is in megabytes, and if G is used, the size is in gigabytes. So size
100, size 100k, size 100M and size 100G
#are all valid.
log_rotate_size = 200M

#Config http proxy for Clair, e.g. http://my.proxy.com:3128
#Clair doesn't need to connect to harbor ui container via http proxy.
http_proxy =
https_proxy =
no_proxy = 127.0.0.1,localhost,ui

#NOTES: The properties between BEGIN INITIAL PROPERTIES and END INITIAL PROPERTIES
#only take effect in the first boot, the subsequent changes of these properties
#should be performed on web ui

#************************ BEGIN INITIAL PROPERTIES ************************

#Email account settings for sending out password resetting emails.

#Email server uses the given username and password to authenticate on TLS connections to host
and act as identity.
#Identity left blank to act as username.
email_identity =

email_server = smtp.mydomain.com
email_server_port = 25
email_username = sample_admin@mydomain.com
email_password = abc
email_from = admin <sample_admin@mydomain.com>
email_ssl = false
email_insecure = false

##The initial password of Harbor admin, only works for the first time when Harbor starts.
#It has no effect after the first launch of Harbor.
#Change the admin password from UI after launching Harbor.
harbor_admin_password = mypassword

##By default the auth mode is db_auth, i.e. the credentials are stored in a local database.
#Set it to ldap_auth if you want to verify a user's credentials against an LDAP server.
auth_mode = db_auth

#The url for an ldap endpoint.
ldap_url = ldaps://ldap.mydomain.com

#A user's DN who has the permission to search the LDAP/AD server.
#If your LDAP/AD server does not support anonymous search, you should configure this DN and
ldap_search_pwd.
#ldap_searchdn = uid=searchuser,ou=people,dc=mydomain,dc=com
```

```
#the password of the ldap_searchdn
#ldap_search_pwd = password

#The base DN from which to look up a user in LDAP/AD
ldap_basedn = ou=people,dc=mydomain,dc=com

#Search filter for LDAP/AD, make sure the syntax of the filter is correct.
#ldap_filter = (objectClass=person)

# The attribute used in a search to match a user, it could be uid, cn, email, sAMAccountName or
other attributes depending on your LDAP/AD
ldap_uid = uid

#the scope to search for users, 0-LDAP_SCOPE_BASE, 1-LDAP_SCOPE_ONELEVEL, 2-LDAP_SCOPE_
SUBTREE
ldap_scope = 2

#Timeout (in seconds) when connecting to an LDAP Server. The default value (and most
reasonable) is 5 seconds.
ldap_timeout = 5

#Verify certificate from LDAP server
ldap_verify_cert = true

#The base dn from which to lookup a group in LDAP/AD
ldap_group_basedn = ou=group,dc=mydomain,dc=com

#filter to search LDAP/AD group
ldap_group_filter = objectclass=group

#The attribute used to name a LDAP/AD group, it could be cn, name
ldap_group_gid = cn

#The scope to search for ldap groups. 0-LDAP_SCOPE_BASE, 1-LDAP_SCOPE_ONELEVEL, 2-LDAP_
SCOPE_SUBTREE
ldap_group_scope = 2

#Turn on or off the self-registration feature
self_registration = on

#The expiration time (in minute) of token created by token service, default is 30 minutes
token_expiration = 30

#The flag to control what users have permission to create projects
#The default value "everyone" allows everyone to creates a project.
#Set to "adminonly" so that only admin user can create project.
project_creation_restriction = everyone

#************************ END INITIAL PROPERTIES ************************
```

```
#######Harbor DB configuration section#######

#The address of the Harbor database. Only need to change when using external db.
db_host = mysql

#The password for the root user of Harbor DB. Change this before any production use.
db_password = root123

#The port of Harbor database host
db_port = 3306

#The user name of Harbor database
db_user = root

##### End of Harbor DB configuration#######

#The redis server address. Only needed in HA installation.
#address:port[,weight,password,db_index]
redis_url = redis:6379

##########Clair DB configuration############

#Clair DB host address. Only change it when using an exteral DB.
clair_db_host = postgres

#The password of the Clair's postgres database. Only effective when Harbor is deployed with
Clair.
#Please update it before deployment. Subsequent update will cause Clair's API server and
Harbor unable to access Clair's database.
clair_db_password = password

#Clair DB connect port
clair_db_port = 5432

#Clair DB username
clair_db_username = postgres

#Clair default database
clair_db = postgres

##########End of Clair DB configuration############

#The following attributes only need to be set when auth mode is uaa_auth
uaa_endpoint = uaa.mydomain.org
uaa_clientid = id
uaa_clientsecret = secret
uaa_verify_cert = true
uaa_ca_cert = /path/to/ca.pem
```

```
###Docker Registry setting###
#registry_storage_provider can be: filesystem, s3, gcs, azure, etc.
registry_storage_provider_name = filesystem
#registry_storage_provider_config is a comma separated "key: value" pairs, e.g. "key1: value, key2: value2".
# Refer to https://docs.docker.com/registry/configuration/#storage for all available configuration.
registry_storage_provider_config =
```

下面可以在当前路径/usr/local/harbor中执行以下两个指令,进行安装和启动服务。

```
./prepare
./install.sh
```

安装之后将在当前目录中生成docker-compose.yml文件。使用vim工具打开文件,修改脚本中adminserver服务中的证书密钥的配置,修改完成后的配置内容如下所示。

```
- /data/secretkey:/etc/adminserver/key:z
```

其他内容保持不变,修改完成之后的docker-compose.yml文件的脚本内容如下所示。

```
version: '2'
services:
  log:
    image: vmware/harbor-log:v1.5.0
    container_name: harbor-log
    restart: always
    volumes:
      - /var/log/harbor/:/var/log/docker/:z
      - ./common/config/log/:/etc/logrotate.d/:z
    ports:
      - 127.0.0.1:1514:10514
    networks:
      - harbor
  registry:
    image: vmware/registry-photon:v2.6.2-v1.5.0
    container_name: registry
    restart: always
    volumes:
      - /data/registry:/storage:z
      - ./common/config/registry/:/etc/registry/:z
    networks:
      - harbor
    environment:
      - GODEBUG=netdns=cgo
    command:
```

```
      ["serve", "/etc/registry/config.yml"]
    depends_on:
      - log
    logging:
      driver: "syslog"
      options:
        syslog-address: "tcp://127.0.0.1:1514"
        tag: "registry"
  mysql:
    image: vmware/harbor-db:v1.5.0
    container_name: harbor-db
    restart: always
    volumes:
      - /data/database:/var/lib/mysql:z
    networks:
      - harbor
    env_file:
      - ./common/config/db/env
    depends_on:
      - log
    logging:
      driver: "syslog"
      options:
        syslog-address: "tcp://127.0.0.1:1514"
        tag: "mysql"
  adminserver:
    image: vmware/harbor-adminserver:v1.5.0
    container_name: harbor-adminserver
    env_file:
      - ./common/config/adminserver/env
    restart: always
    volumes:
      - /data/config/:/etc/adminserver/config/:z
      - /data/secretkey:/etc/adminserver/key:z
      - /data/:/data/:z
    networks:
      - harbor
    depends_on:
      - log
    logging:
      driver: "syslog"
      options:
        syslog-address: "tcp://127.0.0.1:1514"
        tag: "adminserver"
  ui:
    image: vmware/harbor-ui:v1.5.0
    container_name: harbor-ui
    env_file:
      - ./common/config/ui/env
    restart: always
```

```
    volumes:
      - ./common/config/ui/app.conf:/etc/ui/app.conf:z
      - ./common/config/ui/private_key.pem:/etc/ui/private_key.pem:z
      - ./common/config/ui/certificates/:/etc/ui/certificates/:z
      - /data/secretkey:/etc/ui/key:z
      - /data/ca_download/:/etc/ui/ca/:z
      - /data/psc/:/etc/ui/token/:z
    networks:
      - harbor
    depends_on:
      - log
      - adminserver
      - registry
    logging:
      driver: "syslog"
      options:
        syslog-address: "tcp://127.0.0.1:1514"
        tag: "ui"
  jobservice:
    image: vmware/harbor-jobservice:v1.5.0
    container_name: harbor-jobservice
    env_file:
      - ./common/config/jobservice/env
    restart: always
    volumes:
      - /data/job_logs:/var/log/jobs:z
      - ./common/config/jobservice/config.yml:/etc/jobservice/config.yml:z
    networks:
      - harbor
    depends_on:
      - redis
      - ui
      - adminserver
    logging:
      driver: "syslog"
      options:
        syslog-address: "tcp://127.0.0.1:1514"
        tag: "jobservice"
  redis:
    image: vmware/redis-photon:v1.5.0
    container_name: redis
    restart: always
    volumes:
      - /data/redis:/data
    networks:
      - harbor
    depends_on:
      - log
    logging:
      driver: "syslog"
```

```
        options:
          syslog-address: "tcp://127.0.0.1:1514"
          tag: "redis"
  proxy:
    image: vmware/nginx-photon:v1.5.0
    container_name: nginx
    restart: always
    volumes:
      - ./common/config/nginx:/etc/nginx:z
    networks:
      - harbor
    ports:
      - 80:80
      - 443:443
      - 4443:4443
    depends_on:
      - mysql
      - registry
      - ui
      - log
    logging:
      driver: "syslog"
      options:
        syslog-address: "tcp://127.0.0.1:1514"
        tag: "proxy"
networks:
  harbor:
    external: false
```

使用如下指令停止服务并删除容器。

```
docker-compose down -v
```

再使用如下指令生成容器并启动服务。

```
./install.sh
```

启动之后，可以使用如下指令查看服务启动状态。

```
docker-compose ps
```

如果服务正常启动，将可以看到如下内容。

```
        Name                 Command                              State            Ports
  ------------------------------------------------------------------------------------------
    harbor-adminserver      /harbor/start.sh                      Up (healthy)
    harbor-db               /usr/local/bin/docker-entr ...        Up (healthy)     3306/tcp
    harbor-jobservice       /harbor/start.sh                      Up
    harbor-log              /bin/sh -c /usr/local/bin/ ...        Up (healthy)
  127.0.0.1:1514->10514/tcp
    harbor-ui               /harbor/start.sh                      Up (healthy)
    nginx                   nginx -g daemon off;                  Up (healthy)
  0.0.0.0:443->443/tcp, 0.0.0.0:4443->4443/tcp, 0.0.0.0:180->80/tcp
    redis                   docker-entrypoint.sh redis ...        Up               6379/tcp
    registry                /entrypoint.sh serve /etc/ ...        Up (healthy)     5000/tcp
```

可以看出,Harbor 服务包含 MySQL、Redis 和 Nginx 等服务。如果某种服务不是 Up 状态,可以查看服务的相关日志,分析原因进行处理。

安装成功之后,以后服务的启停可以使用如下操作指令。

```
docker-compose stop/start/restart
```

将域名 registry.demo.com 指向上述虚拟机的外网 IP,然后使用浏览器通过如下链接登录镜像仓库的控制台。

```
http://registry.demo.com
```

登录时,使用配置的管理员用户名 admin 和密码 mypassword 进行登录。成功登录之后,可以执行用户管理和项目管理等各种操作。

在用户管理中,创建一个用户,如图 6-4 所示。

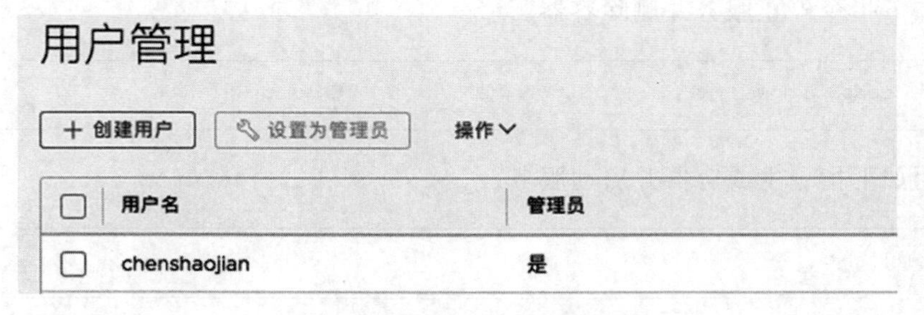

图 6-4 Harbor 中的用户管理

然后,为了存储镜像,创建一个项目 cnmg,并将该项目授权给创建的用户,如图 6-5 所示。

接着打开一个命令终端窗口,在终端上登录镜像仓库,命令如下。

```
docker login registry.demo.com
```

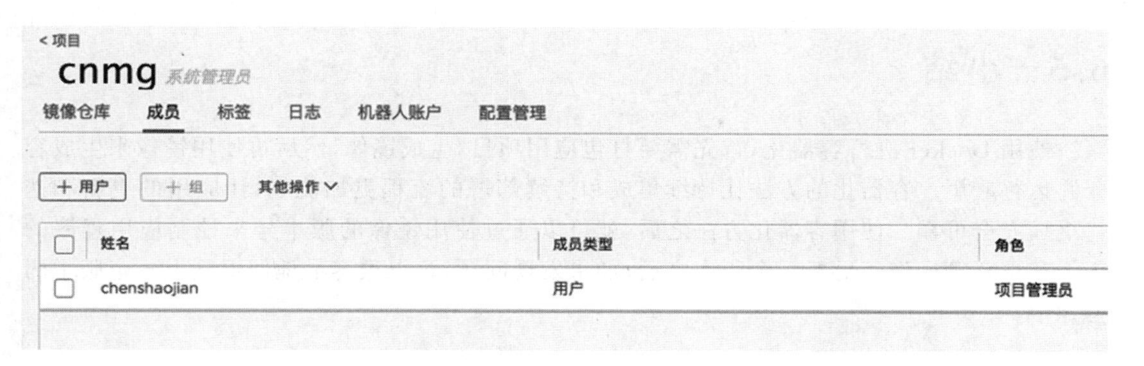

图 6-5　Harbor 中的项目授权

按照提示使用用户名和密码进行登录。登录成功之后，即可使用终端创建镜像，并将镜像推送到镜像仓库中。

下面以用户服务项目 backend-user 为例，说明镜像推送的方法。首先在本地创建镜像，确保应用的 jar 包和 Dockerfile 文件保存在一个文件夹中，然后在该文件夹中使用如下指令创建本地镜像。

```
docker build -t registry.demo.com/cnmg/backend-user:1.0.0 .
```

创建的镜像已经包含镜像仓库的域名 registry.demo.com 和项目 cnmg。使用如下指令将该镜像推送到镜像仓库中。

```
docker push registry.demo.com/cnmg/backend-user:1.0.0
```

接下来，就可以在 Harbor 的控制台中查看项目 cnmg 中的镜像 backend-user，如图 6-6 所示。

图 6-6　Harbor 中的镜像管理

参照这个例子，可以为实例中的各个应用项目都创建一个镜像，然后推送到镜像仓库中。在后续章节的 K8s 应用部署中，将使用到这些镜像。

6.5 小结

使用 Docker 进行容器化,首先需要打包应用项目,生成镜像,然后再使用镜像来生成容器并运行应用。容器化的方法让持续集成和持续部署的流程更加流畅,让应用的更新和迭代更加安全可靠。使用容器化方法之后,就可以通过使用镜像的版本号来控制应用程序的部署和更新等操作。更新一个版本之后,如果发现问题,可以很容易地回退到上一个版本的镜像中。

第7章

Kubernetes环境搭建及应用部署

Kubernetes(简称 K8s)是一个 Google 开源的容器管理平台,它支持声明式配置、动态伸缩、自动化部署、服务注册和发现、负载均衡、故障发现与自我修复等功能,是云原生应用部署中容器集群管理的最佳选择。

搭建 K8s 环境可以使用虚拟机自行安装,也可以使用云计算服务商提供的容器。为了方便节点的扩充和维护,本书将使用腾讯云提供的 K8s 容器服务(Tencent Kubernetes Engine,TKE,也称腾讯云容器服务)为例进行说明。如果是自行安装或使用其他服务商的产品,可以参照使用。

7.1 TKE 容器服务

腾讯云容器服务基于原生 Kubernetes 提供以容器为核心的、高度可扩展的高性能容器管理服务。腾讯云容器服务完全兼容原生 Kubernetes API ,扩展了腾讯云的云硬盘、负载均衡等 Kubernetes 插件,为容器化的应用提供高效部署、资源调度、服务发现和动态伸缩等一系列完整功能,解决用户开发、测试及运维过程的环境一致性问题,提高了大规模容器集群管理的便捷性,帮助用户降低成本,提高效率。容器服务提供免费使用,涉及的其他云产品另外单独计费。

使用腾讯云容器服务,可以按如下标准购置容器集群。

◇ 使用托管方式作为集群管理类型。

◇ 使用 Docker 作为容器管理工具。

◇ 使用 VPC-CNI 作为容器网络。

◇ 节点虚拟机使用 4 核 CPU、8GB 内存、100GB 网盘空间配置。

◇ 操作系统使用 CentOS 7.6、64 位。

◇ 网络带宽使用 5Mb/s。

◇ 节点数量为 4 个。

◇ 计费模式选择包年包月计算。

其中,虚拟机使用费用依据地区不同和包年包月时长不同进行计费,时长越长,费用越少,网络费用按使用的流量计费。使用托管方式管理集群不仅可以减少维护工作,还节省了Master和Etcd的资源费用。

完成配置后的容器集群如图7-1所示。

图7-1 TKE容器集群配置

TKE容器服务的工作流程与原理如图7-2所示,简要说明如下。

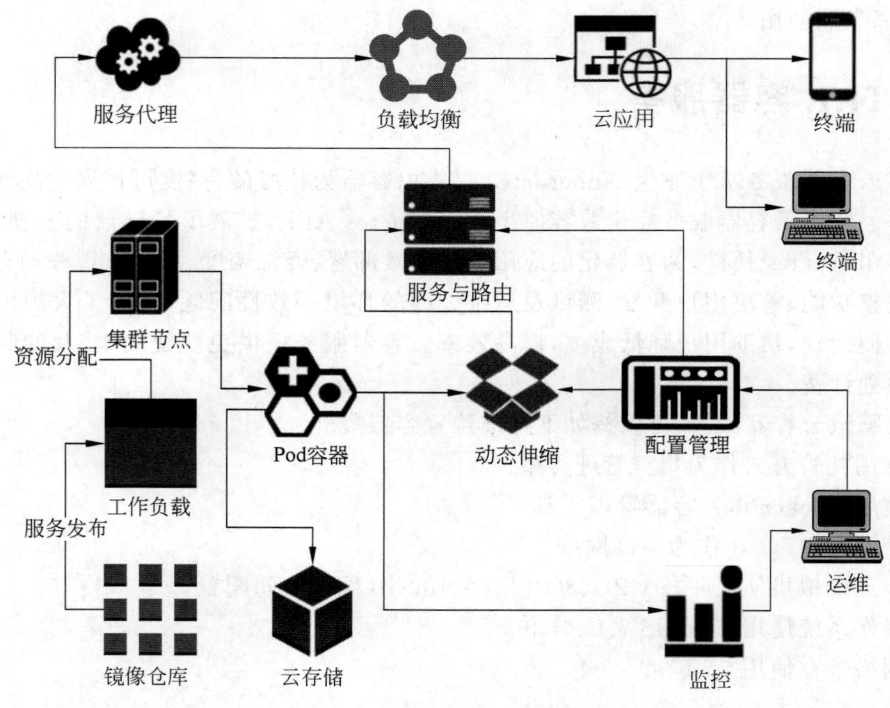

图7-2 TKE工作流程与原理

◇ 使用工作负载方式从镜像仓库中获取镜像进行应用部署。

◇ K8s 集群从可用的节点资源中创建 Pod 容器。

◇ Pod 容器能够按照应用的负载情况，根据触发条件进行动态伸缩处理。

◇ 每个应用可能拥有多个副本的服务，K8s 使用代理服务器管理服务和路由。

◇ 从 K8s 的服务代理中创建应用的负载均衡服务。

◇ 通过负载均衡服务对外提供各种云应用服务。

在这个过程中，运维人员可以通过 TKE 容器管理控制台，部署应用，或登录容器节点进行维护管理等工作。节点中的容器也可以使用云盘来存储文件和汇集日志数据。

7.2 K8s 环境 Consul 服务集群

购置 TKE 容器服务之后，就已经建立了 K8s 的容器集群管理环境。为了与开发环境和测试环境保持一致，这里同样使用 Consul 作为注册中心和应用的配置管理中心。对于服务的注册和发现，通过 Consul 集群进行统一管理。所以必须在 K8s 环境中建立一个 Consul 集群。

应用的发布一般都在 TKE 的控制台中，使用工作负载的方式进行管理。应用发布之后，再根据需要配置相关的服务。TKE 的工作负载具有以下 5 种类型。

◇ Deployment。Deployment 为 Pod 和 Replica Set 提供了声明式更新，适用于部署无状态的应用。

◇ StatefulSet。StatefulSet 用于管理有状态应用程序的工作负载 API 对象，可以用来发布服务集群。

◇ DaemonSet。DaemonSet 主要用于部署常驻集群内的后台程序，例如节点的日志采集等。

◇ Job。Job 控制器会创建一个或者多个 Pod 容器，并确保每个 Pod 容器按照规则运行，直至运行结束。

◇ CronJob。CronJob 根据指定的预定计划，周期性地运行一个 Job 控制器。

一般的应用服务使用 Deployment 类型的工作负载进行发布，使用集群形式发布的应用服务使用 StatefulSet 类型。Consul 集群的部署使用 StatefulSet 类型进行。Consul 集群部署的编排脚本如下所示。

```
apiVersion: apps/v1
kind: StatefulSet
metadata:
  name: consul
spec:
  serviceName: consul
  replicas: 3
  selector:
    matchLabels:
      app: consul
  template:
```

```
    metadata:
      labels:
        app: consul
    spec:
      affinity:
        podAntiAffinity:
          requiredDuringSchedulingIgnoredDuringExecution:
            - labelSelector:
                matchExpressions:
                  - key: app
                    operator: In
                    values:
                      - consul
              topologyKey: kubernetes.io/hostname
      terminationGracePeriodSeconds: 10
      containers:
      - name: consul
        image: consul
        args:
             - "agent"
             - "-server"
             - "-bootstrap-expect=3"
             - "-ui"
             - "-data-dir=/consul/data"
             - "-bind=0.0.0.0"
             - "-client=0.0.0.0"
             - "-advertise=$(PODIP)"
             - "-retry-join=consul-0.consul.$(NAMESPACE).svc.cluster.local"
             - "-retry-join=consul-1.consul.$(NAMESPACE).svc.cluster.local"
             - "-retry-join=consul-2.consul.$(NAMESPACE).svc.cluster.local"
             - "-domain=cluster.local"
             - "-disable-host-node-id"
        volumeMounts:
            - name: data
              mountPath: /consul/data
        env:
            - name: PODIP
              valueFrom:
                fieldRef:
                  fieldPath: status.podIP
            - name: NAMESPACE
              valueFrom:
                fieldRef:
                  fieldPath: metadata.namespace
        ports:
            - containerPort: 8500
              name: ui-port
            - containerPort: 8400
              name: alt-port
            - containerPort: 53
```

```
            name: udp-port
          - containerPort: 8443
            name: https-port
          - containerPort: 8080
            name: http-port
          - containerPort: 8301
            name: serflan
          - containerPort: 8302
            name: serfwan
          - containerPort: 8600
            name: consuldns
          - containerPort: 8300
            name: server
      volumes:
          - name: data
            hostPath:
              path: /data/consul
```

这个脚本通过 replicas 指定使用三个副本，以此来构建一个 Consul 集群。Consul 的镜像使用公共镜像仓库的最新版。Consul 的对外服务使用默认端口 8500，其他端口设定为 Consul 集群的内部通信提供服务。volumes 指定容器宿主主机（即节点主机）的/data/consul 目录用来存储配置中心的数据。

部署 Consul 集群之后，可以在 TKE 控制台中检查部署的情况。如果成功部署，就可以为其配置各种服务。

在 TKE 控制台中，发布的服务有两种类型：Service 和 Ingress。其中，Service 类型的服务通过 TCP 协议和 UDP 协议提供四层网络服务，用于集群内部的通信；Ingress 类型的服务通过使用 HTTP 协议和 HTTPS 协议提供七层网络服务，并使用负载均衡方式提供对外代理服务。

基于上面的 Consul 集群部署，为 Consul 发布一个 Service 类型的服务，编排脚本如下所示。

```
apiVersion: v1
kind: Service
metadata:
  name: consul
  labels:
    name: consul
spec:
  type: NodePort
  ports:
    - name: http
      port: 8500
      targetPort: 8500
    - name: https
```

```
      port: 8443
      targetPort: 8443
    - name: rpc
      port: 8400
      targetPort: 8400
    - name: serflan-tcp
      protocol: "TCP"
      port: 8301
      targetPort: 8301
    - name: serflan-udp
      protocol: "UDP"
      port: 8301
      targetPort: 8301
    - name: serfwan-tcp
      protocol: "TCP"
      port: 8302
      targetPort: 8302
    - name: serfwan-udp
      protocol: "UDP"
      port: 8302
      targetPort: 8302
    - name: server
      port: 8300
      targetPort: 8300
    - name: consuldns
      port: 8600
      targetPort: 8600
  selector:
    app: consul
```

这个服务的名字设定为 consul，后面部署在 K8s 环境中的应用程序的配置可以使用这个名字连接注册中心。selector 指定这个服务关联前面部署的 Consul 容器。

根据 Consul 的官网说明，如果在 K8s 环境中使用 CoreDNS 而不是 KubeDNS，还需要更新集群中现有的 CoreDNS 配置。TKE 的 K8s 使用了 CoreDNS 服务，所以必须修改 CoreDNS 的相关配置，请参照 Consul 官网介绍的方法进行，通过如下链接可以查看其详细说明。

```
https://www.consul.io/docs/k8s/dns
```

打开链接，将显示如图 7-3 所示的指引。

首先，登录容器集群中的一个节点主机，使用如下指令查询 CoreDNS 的服务 IP。

```
kubectl get service -n kube-system
```

注意，该指令中包含系统名字空间的参数 kube-system。假设查询的 IP 地址为 10.0.255.85，这样即可在原来的配置中插入如下内容。

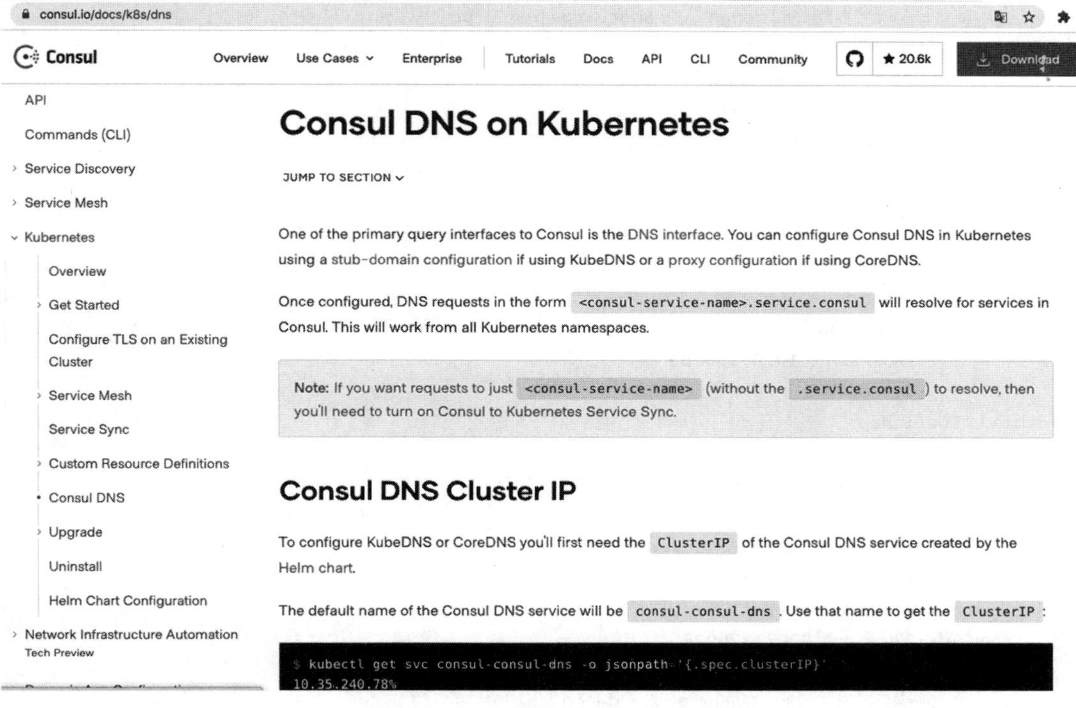

图 7-3　K8s 中 CoreDNS 配置修改

```
consul {
  errors
  cache 30
  forward . 10.0.255.85
}
```

使用如下指令编辑配置文件。

```
kubectl edit configmap coredns -n kube-system
```

注意,必须使用-n 参数指定名字空间为 kube-system。编辑文本的指令与使用 vim 工具编辑文件的指令相同。修改完成之后的文件内容如下所示。

```
apiVersion: v1
data:
  Corefile: |2-
        .:53 {
            errors
            health
            kubernetes cluster.local. in-addr.arpa ip6.arpa {
                pods insecure
                upstream
```

```
            fallthrough in - addr.arpa ip6.arpa
          }
          prometheus :9153
          proxy . /etc/resolv.conf
          cache 30
          reload
          loadbalance
        }
        consul {
          errors
          cache 30
          forward . 10.0.255.85
        }
kind: ConfigMap
metadata:
  creationTimestamp: "2019-10-15T05:08:06Z"
  labels:
    addonmanager.kubernetes.io/mode: EnsureExists
  name: coredns
  namespace: kube-system
  resourceVersion: "2021228928"
  selfLink: /api/v1/namespaces/kube-system/configmaps/coredns
  uid: c5ee4576-ef09-11e9-afd5-de4cd2dd285a
```

这个脚本中，黑体部分为增加的内容。保存配置文件。在进行实例应用发布之前，还需要更改应用中连接注册中心的配置。后台应用、中台应用和前台应用中的 front-spring，在打包之前都必须修改连接注册中心的配置，即将原来连接 Consul 注册中心的配置中的 host 参数改为服务的名字 consul，应用的注册方式使用 IP 地址的方式。更改完成之后完整的配置如下所示。

```
spring:
  cloud:
    consul:
      host: consul
      port: 8500
      discovery:
        prefer-ip-address: true
        # 60s 不能通过检查剔除服务
        health-check-critical-timeout: 60s
        serviceName: ${spring.application.name}
        healthCheckPath: /actuator/health
        healthCheckInterval: 15s
        tags: urlprefix-/${spring.application.name}
        instanceId: ${spring.application.name}:${vcap.application.instance_id:${spring.application.instance_id:${random.value}}}
      #程序配置管理中心
      config:
```

```
        enabled: true # 默认是 true
        # watch 选项为配置监视功能,改变监视配置以更新程序配置
        watch:
          enabled: true
          delay: 10000
          wait-time: 30
        format: YAML # consul 配置文件的格式共有四种类型: YAML、PROPERTIES、KEY-VALUE
和 FILES
        data-key: data #consul 配置文件目录名称,默认为 data
        defaultContext: ${spring.application.name}
```

这样,应用程序在 K8s 环境中就能正常地连接注册中心。Consul 注册中心将根据其集群节点的负载情况,自动处理其连接分流。

为了使用 Consul 服务控制台,需要为 Consul 集群部署一个 Ingress 类型的服务。这样才能通过浏览器查看注册中心的服务发布情况,同时通过配置管理中心为各个应用设置配置。

部署 Ingress 类型的服务之前,在集群节点的安全组(可以配置一个统一的安全组)中,开放端口 30000～32768 的 TCP/UDP 服务,这是 Ingress 服务为绑定后端节点所提供的转换端口区间,即增加一个 TCP 和一个 UDP 的入站规则,如图 7-4 所示。

图 7-4 在安全组中开放端口 30000～32768

基于 Consul 的 Service 服务部署一个 Ingress 类型的服务,编排脚本如下所示。

```
apiVersion: extensions/v1beta1
kind: Ingress
metadata:
  name: ingress-consul
  namespace: default
spec:
  rules:
   - host: consul.demo.com
     http:
       paths:
        - path:
```

```
        backend:
          serviceName: consul
          servicePort: 8500
```

这个脚本设定服务名称为 ingress-consul，并为服务配置了一个域名 consul.demo.com，然后通过 HTTP 协议设定后端服务的名称和端口分别为 consul 和 8500。部署 ingress-consul 服务之后，可以在 TKE 控制台中查看为其生成的转换端口(介于 30000～32768)和为负载均衡服务生成的 VIP。

接下来，编辑 ingress-consul 服务。在“监听器管理”选项页面中，单击“新建”按钮，创建一个 HTTP 监听器。在监听配置中，使用上面脚本中的域名，设定使用端口 80，然后绑定后端服务，选择所有节点，在节点端口配置中输入转换端口号。保存配置之后，检查绑定服务的健康情况。图 7-5 展示了创建监听器过程中绑定后端服务的结果。

图 7-5　在新建 HTTP 监听器中绑定后端服务

确认后端服务绑定正常，就可以在域名管理中，为上面的 Consul 服务域名新增一条 A 记录，将域名指向生成的 VIP。

完成上述所有配置之后，即可使用如下链接，通过浏览器打开 Consul 控制台。

```
http://consul.demo.com
```

在控制台中，不仅可以查看服务的注册情况，还可以通过配置管理中心为每个应用配置各种参数。在 Consul 控制台首页中，单击 Key/Value 菜单，使用如下应用配置规则，为每一个应用服务创建独立的配置数据。

```
config/服务名字/data
```

backend-user 应用的配置实例如图 7-6 所示。

```
config/backend-usrs/data
server:
  port: 9011
UPDATE  CANCEL  VALIDATE JSON  DELETE KEY
```

图 7-6　Consul 应用服务配置实例

这个配置与应用项目中配置文件 application.yml 的配置格式相同。在 Consul 配置管理中心的配置具有最高优先级别，即当一个应用启动时，首先将从 Consul 配置管理中心中读取应用的配置，然后再从应用程序的配置文件中读取配置。根据应用配置的优先级别，通过 Consul 配置管理中心，可以针对不同的部署环境为每个应用使用不同的配置管理。

7.3　应用部署编排

在应用部署中，前台、中台和后台的各种应用的部署方式不同，下面将分别进行说明。在部署之前，确认每个应用连接注册中心的配置已经按 7.2 节的说明完成修改，重新打包并推送到镜像仓库中。

应用部署的编排脚本需要访问私域镜像仓库，所以还涉及权限配置的问题。这里需要创建一个 Secret（用户私钥）配置。在 TKE 的控制台页面上，增加一个配置，选择类型为 Secret，然后输入私域镜像仓库的合法用户名和密码，即可完成私钥的创建。

新增私钥配置之后生成的脚本如下所示。

```
apiVersion: v1
data:
  .dockercfg:
eyJyZWdpc3RyeS5iZHhoY29tLmNvbSI6eyJ1c2VybmFtZSI6ImNoZW5zaGFvamlhbiIsInBhc3N3b3JkIjoiQ2hl
bjEyMzQ1NiIsImF1dGgiOiJZMmhsYm5Ob1lXOXFhV0Z1T2tOb1pXNHhNak0wTlRZPSJ9fQ==
 kind: Secret
 metadata:
  creationTimestamp: "2019-10-15T08:22:31Z"
  labels:
    qcloud-app: myregistry
  name: myregistry
  namespace: default
  resourceVersion: "1871693685"
  selfLink: /api/v1/namespaces/default/secrets/myregistry
  uid: eeccdb41-ef24-11e9-9fdd-c668db085c51
type: kubernetes.io/dockercfg
```

这个脚本中，设定私钥配置的名称为 myregistry。其中，镜像仓库的用户名和密码都已经经过了加密处理。在后面的应用部署脚本中，将会引用到这个私钥配置。

7.3.1 后台应用部署

对于每一个独立应用的部署，将主要使用工作负载中的 Deployment 类型进行发布。在实例的后台应用中，有一个用户服务和一个商品服务。用户服务部署的编排脚本如下所示。

```
apiVersion: apps/v1
kind: Deployment
metadata:
  name: userapi
spec:
  replicas: 1
  selector:
    matchLabels:
      app: userapi
  template:
    metadata:
      labels:
        app: userapi
    spec:
      containers:
      - name: userapi
        image: registry.demo.com/cnmg/backend-user:1.0.0
        ports:
        - containerPort: 9011
      imagePullSecrets:
      - name: myregistry
```

这个脚本将工作负载、标签和容器的名字都命名为 userapi。镜像使用了 backend-user：1.0.0 版本。容器使用的端口为 9011，必须与应用配置的端口设置保持一致。拉取镜像的密钥使用了上面创建的私钥配置 myregistry。这个脚本设定了只使用一个副本，即 replicas 设置为 1。

接下来，可以为 userapi 容器创建一个水平伸缩管理，即在 TKE 控制台上新建一个 HPA(Horizontal Pod Autoscaler)，如图 7-7 所示。

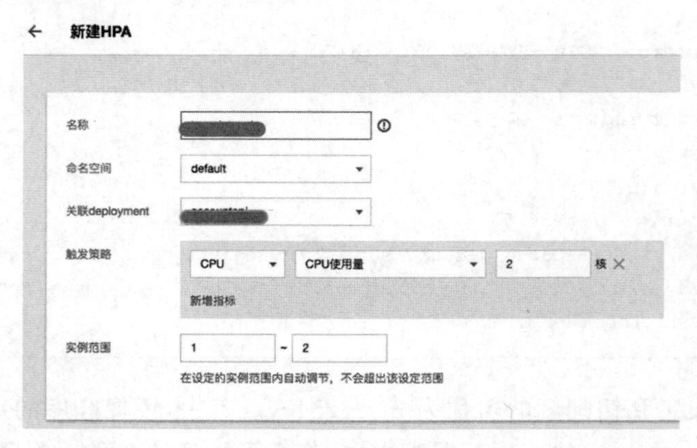

图 7-7 新建 HPA

在图 7-7 中，可以设定 HPA 名称，命名空间使用 default，选择关联 deployment，设定触发策略为 CPU 使用量 2 核，实例范围设定为 1～2。设置完成之后，保存配置，生成相关脚本，脚本内容如下所示。

```
apiVersion: autoscaling/v2beta1
kind: HorizontalPodAutoscaler
metadata:
  labels:
    qcloud-app: hpa-userapi
  name: hpa-userapi
spec:
  maxReplicas: 2
  metrics:
  - pods:
      metricName: k8s_pod_cpu_core_used
      targetAverageValue: "2"
    type: Pods
  minReplicas: 1
  scaleTargetRef:
    apiVersion: apps/v1beta2
    kind: Deployment
    name: userapi
```

这个脚本中，自动伸缩管理的类型为 HorizontalPodAutoscaler。当单个容器副本使用的 CPU 数量大于或等于 2 个时，自动增加一个容器副本。

商品服务的部署脚本与用户服务的部署脚本类似，具体细节如下。

```
apiVersion: apps/v1
kind: Deployment
metadata:
  name: goodsapi
spec:
  replicas: 1
  selector:
    matchLabels:
      app: goodsapi
  template:
    metadata:
      labels:
        app: goodsapi
    spec:
      containers:
      - name: goodsapi
        image: registry.demo.com/cnmg/backend-goods:1.0.0
        ports:
        - containerPort: 9012
      imagePullSecrets:
      - name: myregistry
```

这个脚本使用了工作负载的 Deployment 类型，设定工作负载、容器和标签的名字为 goodsapi，副本数量为 1，镜像版本使用 backend-goods：1.0.0，端口使用 9012。注意，端口号必须与程序配置的端口号一致。

为 goodsapi 容器创建一个自动伸缩管理，即新建一个 HPA，完成之后的脚本如下所示。

```
apiVersion: autoscaling/v2beta1
kind: HorizontalPodAutoscaler
metadata:
  labels:
    qcloud-app: hpa-goodsapi
  name: hpa-goodsapi
spec:
  maxReplicas: 2
  metrics:
  - pods:
      metricName: k8s_pod_cpu_core_used
      targetAverageValue: "2"
    type: Pods
  minReplicas: 1
  scaleTargetRef:
    apiVersion: apps/v1beta2
    kind: Deployment
    name: goodsapi
```

这个脚本中，设置自动伸缩管理的名字为 hpa-goodsapi，关联 deployment 为 goodsapi，最大副本数为 2，自动伸缩管理的触发条件为容器占用 CPU 的数量大于或等于 2。

上面两个服务发布之后，可以通过 Consul 控制台查看服务的发布情况，检查服务是否正常运行，并且是否都通过健康检查。

在 TKE 控制台中可以查看 Pod 容器的运行情况，及其应用运行的输出日志。也可以直接登录节点主机，使用如下指令查看 Pod 容器。

```
kubectl get pods
```

如果需要查看容器的日志输出，可以使用如下指令。

```
kubectl logs <pod 实例名称>
```

如果部署应用时出现问题，可以使用如下指令显示容器的详细情况，从而确定问题位置。

```
kubectl describe pod <pod 实例名称>
```

因为后台应用没有提供对外访问的服务，所以如果要打开应用的 Swagger 文档页面，

查看接口文档,可以使用临时地址端口转换的方式。例如,对于用户服务,可以在集群中的任何一个节点上使用如下指令配置一个端口映射。

```
kubectl port - forward -- address 0.0.0.0 <pod 实例名称> 80:9011
```

然后在浏览器中,通过节点主机的外网 IP 地址,使用如下链接打开 Swagger 文档首页。

```
http://节点 IP/swagger - ui.html
```

这种方式的端口映射是临时配置,使用完成之后,可以按 Ctrl+C 键关闭。不管应用的容器运行于哪一个节点中,都可以在集群中的任何一个节点上配置端口映射进行访问。

更多 kubectl 指令的用法可以查看其相关帮助说明。

7.3.2 中台应用部署

中台应用 middle-rest 和 middle-grpc 的部署方法相似,下面分别说明。

middle-rest 的服务部署使用 Deployment 类型的工作负载,编排脚本如下所示。

```
apiVersion: apps/v1
kind: Deployment
metadata:
  name: restapi
spec:
  replicas: 1
  selector:
    matchLabels:
      app: restapi
  template:
    metadata:
      labels:
        app: restapi
    spec:
      containers:
      - name: restapi
        image: registry.demo.com/cnmg/middle - rest:1.0.0
        ports:
        - containerPort: 8011
      imagePullSecrets:
      - name: myregistry
```

这个脚本设定工作负载、容器和标签的名字为 restapi,并使用单个副本发布,镜像版本为 middle-rest:1.0.0,设置端口号为 8011。

基于工作负载 restapi,为其增加一个水平自动伸缩管理,完成后的编排脚本如下所示。

```
apiVersion: autoscaling/v2beta1
kind: HorizontalPodAutoscaler
metadata:
  labels:
    qcloud-app: hpa-restapi
  name: hpa-restapi
spec:
  maxReplicas: 2
  metrics:
  - pods:
      metricName: k8s_pod_cpu_core_used
      targetAverageValue: "2"
    type: Pods
  minReplicas: 1
  scaleTargetRef:
    apiVersion: apps/v1beta2
    kind: Deployment
    name: restapi
```

这个脚本中，自动伸缩管理名称设为 hpa-restapi，关联 deployment 为 restapi，使用容器的 CPU 占用量作为触发条件增加副本数，最大副本数指定为 2 个。

中台服务需要暴露外部接口，所以应在服务配置中为其发布一个 Service 类型的服务，编排脚本如下所示。

```
apiVersion: v1
kind: Service
metadata:
  labels:
    name: service-restapi
  name: service-restapi
spec:
  clusterIP:
  externalTrafficPolicy: Cluster
  ports:
  - name: tcp-8011-8011
    port: 8011
    protocol: TCP
    targetPort: 8011
  selector:
    app: restapi
  sessionAffinity: None
  type: NodePort
```

这个脚本中，服务类型设定为 Service，服务的名称设为 service-restapi，宿主端口与容器端口设为 8011，关联的容器为 restapi，服务类型使用 NodePort，表示将使用内部网络进行通信。在此基础上，部署一个提供给外网访问的 Ingress 负载均衡代理服务，编排脚本如下所示。

```
apiVersion: extensions/v1beta1
kind: Ingress
metadata:
  name: ingress-restapi
spec:
  rules:
  - host: rest.demo.com
    http:
      paths:
      - backend:
          serviceName: service-restapi
          servicePort: 8011
  tls:
  - hosts:
    - rest.demo.com
    secretName: XzGVgSv5
```

这个脚本中，负载均衡代理服务的名字设定为 ingress-restapi。在服务规则配置中，配置域名为 rest.demo.com。在 HTTP 协议设置中，关联后端服务 service-restapi，使用后端服务的端口 8011，同时为了提供更加安全的 HTTPS 的访问方式，通过 tls 配置了域名的 SSL 证书。SSL 证书可以在腾讯云中使用上述域名进行申请，secretName 指定了申请通过的 SSL 证书的标签名字。

部署 Ingress 服务之后，可以在 TKE 控制台中进行编辑，查看生成的转换端口号。在监听管理中，新建一个 HTTPS 监听器，使用域名 rest.demo.com，配置端口号为 443，然后在绑定后端服务中选择所有节点，输入生成的转换端口号。保存配置之后，在域名管理中增加一条 A 记录，为域名 rest.demo.com 配置一个指向，指向部署 Ingress 服务时生成的 VIP。

上述服务发布成功之后，可以使用如下链接，通过 Swagger 文档工具进行测试。

```
https://rest.demo.com/swagger-ui.html
```

中台应用 middle-grpc 的发布流程与 middle-rest 应用的发布类似，下面进行详细说明。首先，在 TKE 控制台中使用工作负载，选择 Deployment 类型，输入如下编排脚本新建一个部署。

```
apiVersion: apps/v1
kind: Deployment
metadata:
  name: grpcapi
spec:
  replicas: 1
  selector:
    matchLabels:
      app: grpcapi
  template:
```

```
    metadata:
      labels:
        app: grpcapi
    spec:
      containers:
      - name: grpcapi
        image: registry.demo.com/cnmg/middle-grpc:1.0.0
        ports:
        - containerPort: 8012
      imagePullSecrets:
      - name: myregistry
```

这个脚本中，工作负载、容器和标签的名字均设置为 grpcapi，镜像版本使用 middle-grpc：1.0.0，端口号设置为 8012，它与应用程序的配置保持一致。

应用部署之后，即可为其创建一个自动伸缩管理。新建一个 HPA，完成之后的脚本如下所示。

```
apiVersion: autoscaling/v2beta1
kind: HorizontalPodAutoscaler
metadata:
  labels:
    qcloud-app: hpa-grpcapi
  name: hpa-grpcapi
spec:
  maxReplicas: 2
  metrics:
  - pods:
      metricName: k8s_pod_cpu_core_used
      targetAverageValue: "2"
    type: Pods
  minReplicas: 1
  scaleTargetRef:
    apiVersion: apps/v1beta2
    kind: Deployment
    name: grpcapi
```

这个脚本中，设置自动伸缩管理的名字为 hpa-grpcapi，并关联工作负载 grpcapi，自动伸缩管理的触发条件为容器占用 CPU 的数量，设置最大副本数为 2。

如果中台服务 middle-grpc 只为前台应用 front-spring 提供服务，那么可以省略服务的发布，因为 front-spring 通过内部通信就能访问 middle-grpc 服务。如果需要 middle-grpc 应用提供使用 gRPC 接口的方式进行对接，那么可以使用如下方式进行发布。

首先，需要在应用程序的配置中设定 gRPC 的服务端口。假如端口为 50012，更改完成的 middle-grpc 应用中有关 gRPC 服务端的端口配置如下所示。

```
grpc:
  server:
    port: 50012
```

接着在服务部署中新建一个 Service 类型的服务，输入如下编排脚本。

```
apiVersion: v1
kind: Service
metadata:
  labels:
    name: service-grpcapi
  name: service-grpcapi
spec:
  clusterIP:
  externalTrafficPolicy: Cluster
  ports:
   - name: tcp-8012-8012
    port: 8012
    protocol: TCP
    targetPort: 8012
   - name: tcp-50012-grpc
    port: 50012
    protocol: TCP
    targetPort: 50012
  selector:
    app: grpcapi
  sessionAffinity: None
  type: NodePort
```

这个脚本中，设置服务及其标签的名字为 service-grpcapi，关联的容器为 grpcapi，设定应用本身的服务端口为 8012，设定 gRPC 接口服务的端口为 50012。

基于上面的 Service 服务，可以针对端口 50012 部署一个 Ingress 服务。在 TKE 控制台的服务中，新建一个类型为 Ingress 的服务，输入如下编排脚本：

```
apiVersion: extensions/v1beta1
kind: Ingress
metadata:
  name: ingress-grpcapi
spec:
  rules:
   - host: grpc.demo.com
     http:
       paths:
        - backend:
            serviceName: service-grpcapi
            servicePort: 50012
```

这个脚本中，设定服务的名字为 ingress-grpcapi，关联的后端服务为 service-grpcapi，对外使用的域名为 grpc.demo.com，提供 gRPC 的接口服务的端口为 50012。

最后，在 TKE 控制台中编辑 ingress-grpcapi，进行后端服务绑定设置。新建一个 HTTP 监听器，使用域名 grpc.demo.com，配置端口号为 80，然后在后端服务绑定中，选择集群中的所有节点，设定转换端口号。保存配置之后，在域名管理中，使用生成的 VIP 为域名 grpc.demo.com 设定指向。

完成上述配置之后，即可以使用如下链接进行接口对接。

```
http://grpc.demo.com
```

7.3.3 前台应用部署

前台应用 front-vue 与中台应用 middle-rest 服务进行对接，并提供安全访问控制的功能。前台应用 front-spring 与中台应用 middle-grpc 服务对接。下面分别详细说明这两个前台应用的发布方法。

因为前台应用 front-vue 发布之后，将对外提供 HTTPS 的访问方式，所以其调用的中台接口对接也必须使用 HTTPS 的访问方式。因此，在应用 front-vue 发布之前，必须在项目中更改接口连接的配置文件 config.js，将生产环境的链接地址和端口改为：

```
const PRO_BASE_URL = 'https://rest.demo.com'
```

然后重新打包，创建镜像并推送到镜像仓库之中。

部署 front-vue 应用时，首先使用工作负载，选择 Deployment 类型，输入如下编排脚本新建一个部署。

```
apiVersion: apps/v1
kind: Deployment
metadata:
  name: frontvue
spec:
  replicas: 1
  selector:
    matchLabels:
      app: frontvue
  template:
    metadata:
      labels:
        app: frontvue
    spec:
      containers:
      - name: frontvue
        image: registry.demo.com/cnmg/front-vue:1.0.0
```

```
      ports:
       - containerPort: 8080
     imagePullSecrets:
     - name: myregistry
```

这个脚本中,设定工作负载、容器和标签的名字均为 frontvue,镜像版本使用 front-vue:1.0.0,设定容器端口为 8080。

基于 frontvue 服务,新建一个自动伸缩管理,完成之后的脚本如下所示。

```
apiVersion: autoscaling/v2beta1
kind: HorizontalPodAutoscaler
metadata:
  labels:
    qcloud-app: hpa-frontvue
  name: hpa-frontvue
spec:
  maxReplicas: 2
  metrics:
  - pods:
      metricName: k8s_pod_cpu_core_used
      targetAverageValue: "2"
    type: Pods
  minReplicas: 1
  scaleTargetRef:
    apiVersion: apps/v1beta2
    kind: Deployment
    name: frontvue
```

这个脚本中,设定自动伸缩管理类型为 HorizontalPodAutoscaler,名字为 hpa-frontvue,关联容器为 frontvue,设置自动伸缩管理最大副本数为 2 个,自动伸缩管理的触发条件为容器占用 CPU 的数量。

前台应用 front-vue 需要提供对外访问的服务,所以基于上面工作负载的部署新建一个类型为 Service 的服务,输入如下编排脚本。

```
apiVersion: v1
kind: Service
metadata:
  labels:
    name: service-frontvue
  name: service-frontvue
spec:
  clusterIP:
  externalTrafficPolicy: Cluster
  ports:
  - name: tcp-8080-8080
    port: 8080
```

```
    protocol: TCP
    targetPort: 8080
  selector:
    app: frontvue
  sessionAffinity: None
  type: NodePort
```

这个脚本中,设定服务的名字为 service-frontvue,关联的容器为 frontvue,设定宿主与容器的端口为 8080,通信类型为 NodePort,这表示将通过内部网络进行通信,然后在此基础上建立对外的负载均衡代理服务。

基于 service-frontvue 服务,新建一个类型为 Ingress 的负载均衡代理服务,输入如下编排脚本。

```
apiVersion: extensions/v1beta1
kind: Ingress
metadata:
  name: ingress - frontvue
spec:
  rules:
   - host: vue.demo.com
     http:
       paths:
        - backend:
            serviceName: service - frontvue
            servicePort: 8080
  tls:
   - hosts:
     - vue.demo.com
     secretName: b4iUaigO
```

这个脚本中,设定服务的名字为 ingress-frontvue,在规则配置中使用域名 vue.demo.com,在 HTTP 协议配置中设定关联后端服务及其端口为 service-frontvue 和 8080,在 TLS 协议设置中使用 SSL 证书密钥名称 b4iUaigO,这个可以根据申请成功得到的证书进行设定。

部署上述服务后,在 TKE 控制台上查看生成的转换端口号和 VIP。然后使用脚本中设定的域名新建一个 HTTPS 监听器,设定端口号为 443,在后端服务绑定中选择所有节点,输入生成的转换端口号。后端服务绑定完成之后,保存配置。在域名管理中,为上面配置的域名 vue.demo.com 创建一条 A 记录,指向生成的 VIP。

服务成功发布之后,可以通过浏览器,使用如下链接进行访问。

```
https://vue.demo.com
```

前台应用项目 front-spring 使用微服务方式与中台进行通信,所以只要配置好连接注册中心的方式,就可以通过内部网络进行接口对接。

当准备好 front-spring 项目的相关镜像之后，可以在 TKE 控制台上新建一个部署，在工作负载中选择 Deployment 类型，输入如下编排脚本。

```
apiVersion: apps/v1
kind: Deployment
metadata:
  name: frontspring
spec:
  replicas: 1
  selector:
    matchLabels:
      app: frontspring
  template:
    metadata:
      labels:
        app: frontspring
    spec:
      containers:
      - name: frontspring
        image: registry.demo.com/cnmg/front - spring:1.0.0
        ports:
        - containerPort: 8082
      imagePullSecrets:
      - name: myregistry
```

这个脚本中，设定工作负载、容器和标签的名称为 frontspring，镜像版本使用 front-spring:1.0.0，设定容器端口为 8082，服务以单副本方式进行发布。

基于工作负载 frontspring，可以为其创建一个自动伸缩管理，完成后的脚本如下所示。

```
apiVersion: autoscaling/v2beta1
kind: HorizontalPodAutoscaler
metadata:
  labels:
    qcloud - app: hpa - frontspring
  name: hpa - frontspring
spec:
  maxReplicas: 2
  metrics:
  - pods:
      metricName: k8s_pod_cpu_core_used
      targetAverageValue: "2"
    type: Pods
  minReplicas: 1
  scaleTargetRef:
    apiVersion: apps/v1beta2
    kind: Deployment
    name: frontspring
```

这个脚本中，设定自动伸缩管理使用的类型为 HorizontalPodAutoscaler，名字为 hpa-frontspring，关联的容器为 frontspring，并以占用 CPU 数量作为伸缩的触发条件，最大副本数为 2。

应用成功部署之后，可以为 frontspring 发布对外服务。首先，部署一个 Service 类型的服务，它的编排脚本如下所示。

```
apiVersion: v1
kind: Service
metadata:
  labels:
    name: service-frontspring
  name: service-frontspring
spec:
  clusterIP:
  externalTrafficPolicy: Cluster
  ports:
  - name: tcp-8082-8082
    port: 8082
    protocol: TCP
    targetPort: 8082
  selector:
    app: frontspring
  sessionAffinity: None
  type: NodePort
```

这个脚本中，设定服务名字为 service-frontspring，关联的容器为 frontspring，宿主和容器的端口都为 8082，通信方式使用 NodePort，这表示将通过内部网络进行通信，然后使用 Ingress 代理服务发布负载均衡服务。

基于 service-frontspring，为其新建一个 Ingress 类型的服务，输入如下编排脚本。

```
apiVersion: extensions/v1beta1
kind: Ingress
metadata:
  name: ingress-frontspring
spec:
  rules:
  - host: spring.demo.com
    http:
      paths:
      - backend:
          serviceName: service-frontspring
          servicePort: 8080
  tls:
  - hosts:
    - spring.demo.com
    secretName: a47Uaig2
```

这个脚本中，设定负载均衡服务的名字为 ingress-frontspring，域名使用 spring.demo.com，SSL 证书使用 a47Uaig2。

创建部署之后，在 TKE 控制台中查看生成的转换端口和 VIP。然后新建一个 HTTPS 监听器，使用域名 spring.demo.com 和端口 443，在后端服务绑定中选择所有节点，输入转换端口号。配置完成之后，再通过域名管理为域名创建一条 A 记录，指向生成的 VIP。

代理服务发布成功之后，就可以使用浏览器，通过如下链接打开应用。

```
https://spring.demo.com
```

至此，所有的服务都已发布完成，可以开始进行相关的测试。

7.4　ELK 日志收集与分析

ELK 是 Elasticsearch、Logstash 和 Kibana 三大开源框架的首字母。其中，Elasticsearch 是一个搜索和分析引擎。Logstash 是应用端数据处理管道，能够采集日志等数据，然后将数据发送到 Elasticsearch 或 MySQL 等存储库中。Kibana 可以让最终用户使用图形和图表等方式对数据进行可视化处理和查看。ELK 可用于创建一个日志收集与分析平台。

下面将在 K8s 环境中，使用 ELK 创建一个应用系统的日志收集与分析平台。

7.4.1　Elasticsearch 集群部署

Elasticsearch 引擎是日志收集与分析平台的核心部件，它将汇总 Logstash 中收集的日志，Kibana 将使用它的日志数据，所以这里使用集群方式构建 Elasticsearch 服务。

由于 Elasticsearch 的存储容量较大，因此将使用按量计费的网盘存储数据。首先，创建一个 StorageClass 存储，完成后的代码如下所示。

```
apiVersion: storage.k8s.io/v1
kind: StorageClass
metadata:
  creationTimestamp: "2020 - 09 - 07T10:40:14Z"
  name: es - sc
  resourceVersion: "4405831352"
  selfLink: /apis/storage.k8s.io/v1/storageclasses/es - sc
  uid: 6c7ff230 - 18bc - 11ea - 97bf - a2f6ba6a8615
parameters:
  paymode: POSTPAID
  type: CLOUD_PREMIUM
provisioner: cloud.tencent.com/qcloud - cbs
reclaimPolicy: Delete
volumeBindingMode: Immediate
```

这是在 TKE 控制台中创建 StorageClass 后生成的脚本，设定 StorageClass 名字为 es-sc，下面的 Elasticsearch 集群部署将使用这个名字存储数据。在 TKE 中的工作负载中选择 StatefulSet 类型进行 Elasticsearch 集群构建，其编排脚本如下所示。

```
apiVersion: apps/v1
kind: StatefulSet
metadata:
  name: es-cluster
spec:
  serviceName: es-cluster
  replicas: 3
  selector:
    matchLabels:
      app: es-cluster
  template:
    metadata:
      labels:
        app: es-cluster
    spec:
      initContainers:
      - name: init-sysctl
        image: busybox
        imagePullPolicy: IfNotPresent
        command: ["sysctl", "-w", "vm.max_map_count=262144"]
        securityContext:
          privileged: true
      containers:
      - image: docker.elastic.co/elasticsearch/elasticsearch:6.4.0
        name: es-cluster
        resources:
          requests:
            memory: 1024Mi
            cpu: 400m
          limits:
            memory: 4Gi
            cpu: 1600m
        securityContext:
          privileged: true
          runAsUser: 1000
          capabilities:
            add:
              - IPC_LOCK
              - SYS_RESOURCE
        env:
        - name: network.host
          value: "_site_"
        - name: node.name
          value: "${HOSTNAME}"
        - name: discovery.zen.ping.unicast.hosts
```

```
            value: "es-cluster"
          - name: discovery.zen.minimum_master_nodes
            value: "2"
          - name: "discovery.zen.ping_timeout"
            value: "10s"
          - name: cluster.name
            value: "es-cluster"
          - name: ES_JAVA_OPTS
            value: "-Xms512m -Xmx512m"
          volumeMounts:
          - name: es-cluster-data
            mountPath: /usr/share/elasticsearch/data
        securityContext:
          fsGroup: 1000
    volumeClaimTemplates:
      - metadata:
          name: es-cluster-data
        spec:
          accessModes: [ "ReadWriteMany" ]
          storageClassName: es-sc
          resources:
            requests:
              storage: 300Gi
```

这个脚本中，设定工作负载、容器和标签的名字为 es-cluster，镜像版本使用开源公共仓库中的 elasticsearch：6.4.0，设定每个服务的最小内存为 1GB，最小 CPU 为 400MB，最大内存和最大 CPU 分别是其最小容量的 4 倍，指定 storageClassName 为 es-sc，容量大小为 300GB。

集群使用三个副本进行发布，成功创建之后，将会通过 storageClass 生成相关的 PV（Persistent Volume，持久卷）和 PVC（Persistent Volume Claim，持久卷申请）。

7.4.2 Logstash 日志收集

在使用 Logstash 日志收集时，将使用 Kafka 消息队列作为数据传输的工具。可以自己创建一个集群，也可以购买腾讯云的 Kafka 服务。附录 A 将提供 Kafka 集群的安装方法。

假如 Kafka 服务的 IP 地址为 172.16.0.6，服务端口为 9092，在消息服务中创建一个消息主题为 k8s-logs。为了能在应用项目中收集日志，每个基于 Spring Boot 框架开发的项目都需要按照如下步骤进行设置。

首先，在项目对象模型 pom.xml 中增加 Logstash 和 Kafka 组件的依赖引用，具体细节如下。

```
<!-- 日志收集 -->
<dependency>
    <groupId>com.github.danielwegener</groupId>
```

```
        <artifactId>logback-kafka-appender</artifactId>
        <version>0.2.0-RC1</version>
</dependency>

<dependency>
        <groupId>ch.qos.logback</groupId>
        <artifactId>logback-classic</artifactId>
        <version>1.2.3</version>
        <scope>runtime</scope>
</dependency>

<dependency>
        <groupId>net.logstash.logback</groupId>
        <artifactId>logstash-logback-encoder</artifactId>
        <version>5.0</version>
</dependency>
```

然后，在应用模块中增加一个配置文件 logback.xml，编辑如下内容。

```
<?xml version="1.0" encoding="UTF-8"?>
<configuration>
        <property name="LOG_HOME" value="/logs" />
        <appender name="STDOUT" class="ch.qos.logback.core.ConsoleAppender">
            <encoder charset="UTF-8">
                <!-- 格式化输出：%d表示日期，%thread表示线程名，%-5level表示级别从左显
示5个字符宽度，%msg表示日志消息，%n是换行符 -->
                <pattern>%d{yyyy-MM-dd HH:mm:ss.SSS} [%thread] %-5level %logger{50}
- %msg%n</pattern>
            </encoder>
        </appender>

            <springProperty scope="context" name="appName" source="
spring.application.name"/>
        <appender name="kafkaAppender" class="com.github.danielwegener.logback.kafka.
KafkaAppender">
            <encoder charset="UTF-8" class="net.logstash.logback.encoder.
LogstashEncoder" >
                <customFields>{"appname":"${appName}"}</customFields>
                <includeMdc>true</includeMdc>
                <includeContext>true</includeContext>
                <throwableConverter
class="net.logstash.logback.stacktrace.ShortenedThrowableConverter">
                    <maxDepthPerThrowable>30</maxDepthPerThrowable>
                    <rootCauseFirst>true</rootCauseFirst>
                </throwableConverter>
            </encoder>
            <topic>k8s-logs</topic>
            <keyingStrategy
```

```
class = "com.github.danielwegener.logback.kafka.keying.HostNameKeyingStrategy" />
            < deliveryStrategy class = " com. github. danielwegener. logback. kafka. delivery.
AsynchronousDeliveryStrategy" />
        < producerConfig > bootstrap. servers = 172.16.0.6:9092 </producerConfig >
        <!-- don't wait for a broker to ack the reception of a batch. -- >
        < producerConfig > acks = 0 </producerConfig >
        <!-- wait up to 1000ms and collect log messages before sending them as a batch -- >
        < producerConfig > linger. ms = 1000 </producerConfig >
        <!-- even if the producer buffer runs full, do not block the application but start to
drop messages -- >
        <!--< producerConfig > max. block. ms = 0 </producerConfig >-- >
        < producerConfig > block. on. buffer. full = false </producerConfig >
        <!-- kafka 连接失败,日志输出控制台 -- >
        < appender - ref ref = "STDOUT" />
    </appender >

    <!-- mybatis log configure -- >

    <!-- 输出配置 -- >
    < root level = "info">
            <!-- 控制台输出 -- >
        < appender - ref ref = "STDOUT" />
        <!-- kafka 传送 -- >
        < appender - ref ref = "kafkaAppender" />
    </root >
</configuration >
```

这个配置使用 kafkaAppender 配置项，配置了一些通过 kafka 进行消息传送的参数，如将接收消息的主机和端口设置为 172.16.0.6:9092，消息主题设置为 k8s-logs。其中，设置应用的名字时，将从应用的配置 spring.application.name 中取得相关的配置信息。

应用相关修改完成之后，重新打包，推送镜像并在镜像中设置新的版本号，例如之前的版本号为 1.0.0，这里可以设置为 1.1.0。然后更新各个应用的部署。注意，这里只需要更新应用本身的部署，其相关的自动伸缩管理、服务等不需要更新。

接下来，部署一个 Logstash 服务。在部署之前先增加如下 ConfigMap 配置。

```
apiVersion: v1
data:
  logstash.conf: |
      input {
          kafka {
              bootstrap_servers => "172.16.0.6:9092"
              group_id => "logstash - elk - log"
              topics => ["k8s - logs"]
              codec => json
          }
      }
```

```
        output {
            elasticsearch {
                hosts => "http://10.0.255.68:9200"
                index => "k8s-log-%{+YYYY-MM-dd}"
            }
        }
kind: ConfigMap
metadata:
  name: logstash-consumer-config
```

这个配置中，设定了输入参数中的 kafka 连接参数，它连接的主机和端口为 172.16.0.6:9092，消息主题指定使用 k8s-logs。同时，设定了输出参数中的 elasticsearch 连接参数，它连接的主机和端口为 http://10.0.255.68:9200，日志索引使用前缀 k8s-log 加年月日参数的形式，该索引将以日期方式对日志进行截断处理。可以在节点主机上，通过下列指令查询 elasticsearch 的服务 IP 地址。

```
kubectl get service
```

使用查询到的 IP 地址更改上面 elasticsearch 连接参数的配置。

下面可以在工作负载上使用 Deployment 类型部署一个 Logstash 服务，输入如下编排脚本。

```
apiVersion: extensions/v1beta1
kind: Deployment
metadata:
  name: logstash
spec:
  template:
    metadata:
      labels:
        component: logstash
    spec:
      containers:
      - name: logstash
        image: logstash:6.4.0
        imagePullPolicy: Always
        command:
        - logstash
        args:
        - -f
        - /data/logstash-conf
        volumeMounts:
        - name: logstash-consumer-config
          mountPath: /data/logstash-conf
      volumes:
        - configMap:
```

```
        name: logstash - consumer - config
      name: logstash - consumer - config
```

这个脚本中,标签和容器的名字均设为 logstash,开源的公共镜像版本使用 logstash:6.4.0,然后引入上面的 configMap 配置 logstash-consumer-config,即可连接 kafka 服务和 elasticsearch 服务。

7.4.3 Kibana 日志分析平台

Kibana 将提供日志查看和分析的功能,所以在部署 Kibana 时将包含工作负载及其相关的服务。

首先,在 TKE 控制台中,使用工作负载,选择 Deployment 类型,新建一个部署,编排脚本如下所示。

```
apiVersion: apps/v1
kind: Deployment
metadata:
  name: kibana
spec:
  replicas: 1
  selector:
    matchLabels:
      app: kibana
  template:
    metadata:
      labels:
        app: kibana
    spec:
      containers:
      - image: kibana:6.4.0
        name: kibana
        env:
        - name: ELASTICSEARCH_URL
          value: "http://es - cluster:9200"
        ports:
        - name: http
          containerPort: 5601
```

这个脚本中,工作负载、容器和标签的名字均设置为 kibana,公共镜像版本使用 kibana:6.4.0,在环境变量中设置 elasticsearch 连接参数为 http://es-cluster:9200,kibana 服务的端口为 5601。

基于 kibana 工作负载,为其创建一个自动伸缩管理,完成后的编排脚本如下所示。

```
apiVersion: autoscaling/v2beta1
kind: HorizontalPodAutoscaler
metadata:
  labels:
    qcloud-app: hpa-kibana
  name: hpa-kibana
spec:
  maxReplicas: 2
  metrics:
  - pods:
      metricName: k8s_pod_cpu_core_used
      targetAverageValue: "2"
    type: Pods
  minReplicas: 1
  scaleTargetRef:
    apiVersion: apps/v1beta2
    kind: Deployment
    name: kibana
```

这个脚本中，自动伸缩管理的名字设为 hpa-kibana，关联了工作负载 kibana，自动伸缩管理的触发条件为占用的 CPU 数量，最大副本数设为 2。

下面可以发布 kibana 服务。首先，新建一个类型为 Service 的服务，编排脚本如下所示。

```
apiVersion: v1
kind: Service
metadata:
  name: service-kibana
spec:
  type: NodePort
  ports:
  - name: http-5601-5601
    port: 5601
    targetPort: 5601
  selector:
    app: kibana
```

这个脚本中，服务的名字设定为 service-kibana，宿主和容器的端口均设置为 5601，关联的容器设置为 kibana，通信类型设为 NodePort，表示将使用内部网络进行通信，然后再为其配置相关的 Ingress 代理服务。

基于服务 service-kibana，新建一个类型为 Ingress 的服务，输入如下编排脚本。

```
apiVersion: extensions/v1beta1
kind: Ingress
metadata:
  name: ingress-kibana
```

```
spec:
  rules:
  - host: kibana.demo.com
    http:
      paths:
      - backend:
          serviceName: service - kibana
          servicePort: 5601
```

这个脚本中，代理服务的名字设置为 ingress-kibana，配置域名为 kibana.demo.com，后端服务设置为 service-kibana。新建部署后，在 TKE 控制台中，查看生成的转换端口和 VIP，然后为其新建一个 HTTP 监听器，使用端口号 80。在后端服务绑定设置中，选择所有节点，设定转换端口号。完成设置后，在域名管理中，将上面域名指向生成的负载均衡 VIP。

负载均衡代理服务发布成功后，可以使用如下链接在浏览器中打开。

```
http://kibana.demo.com
```

然后，在索引配置中创建查询索引为 k8s-log *，使用该索引查看应用平台的输出日志。查询结果如图 7-8 所示。

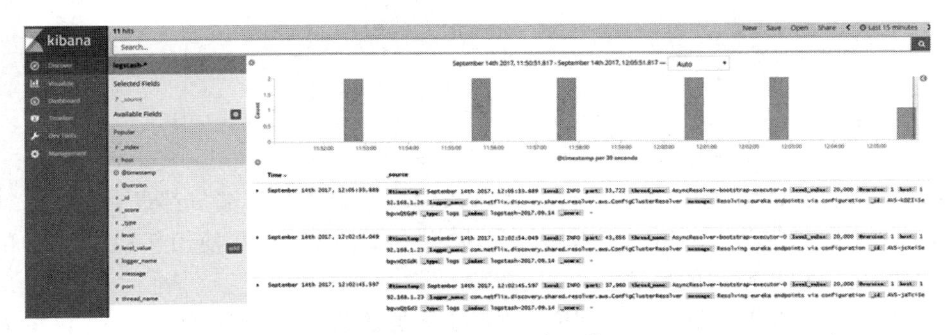

图 7-8 Kibana 日志查询

7.5 Zipkin 链路跟踪

Spring Cloud 工具套件提供了一个链路跟踪服务 Zipkin 组件。微服务应用使用这个组件，通过其提供的控制台随时查看服务之间调用的线路及其轨迹，从而把控整个系统平台的运行状态。后台应用和中台应用都可以使用链路跟踪服务。下面详细说明使用链路跟踪服务的方法。首先，在项目对象模型 pom.xml 中增加如下依赖引用。

```
<!-- 链路跟踪 -->
<dependency>
    <groupId>org.springframework.cloud</groupId>
    <artifactId>spring - cloud - starter - zipkin</artifactId>
```

```
</dependency>

<!-- 消息服务 -->
<dependency>
    <groupId>org.springframework.kafka</groupId>
    <artifactId>spring-kafka</artifactId>
</dependency>
```

因为将使用 Kafka 消息队列传送链路跟踪信息,所以这里引用了消息服务组件 spring-kafka。

接下来,在项目的配置文件 application.yml 中,增加如下配置。

```
#链路跟踪
spring:
  sleuth:
    sampler:
      probability: 1.0
  zipkin:
    sender:
      type: kafka
    kafka:
      topic: zipkin
 #zipkin 消息传输
  kafka:
    bootstrap-servers: 172.16.0.6:9092
```

这个配置使用 kafka 进行消息传输。其中,kafka 的服务器和端口都设置为 172.16.0.6:9092,消息主题指定为 zipkin。应用修改完成之后,重新打包,并使用新版本创建和推送镜像。然后,更新相关应用的部署。

下面可以部署 Zipkin 服务。在 TKE 的容器集群管理中,新建一个工作负载并选择类型为 Deployment,输入如下编排脚本。

```
apiVersion: apps/v1beta1
kind: Deployment
metadata:
  name: openzipkin
spec:
  replicas: 1
  template:
   metadata:
    labels:
     app: openzipkin
   spec:
    containers:
      - name: openzipkin
        image: openzipkin/zipkin
```

```
        imagePullPolicy: IfNotPresent
        ports:
        - containerPort: 9411
        env:
        - name: "STORAGE_TYPE"
          value: "elasticsearch"
        - name: "ES_HOSTS"
          value: "http://10.0.255.96:9200"
        - name: "KAFKA_BOOTSTRAP_SERVERS"
          value: "172.16.0.7:9092"
        - name: "ES_JAVA_OPTS"
          value: " - Xms512m - Xmx2048m"
```

这个脚本中，工作负载、容器和标签的名字均设置为 openzipkin，镜像版本使用 openzipkin/zipkin，在环境变量中配置 elasticsearch 服务的链接地址为 http://10.0.255.96:9200，配置 kafka 消息队列服务的 IP 地址和端口为 172.16.0.7:9092，同时设置 JVM 的最大内存为 2GB。

基于上面的工作负载 openzipkin，增加自动伸缩管理，完成后的脚本如下所示。

```
apiVersion: autoscaling/v2beta1
kind: HorizontalPodAutoscaler
metadata:
  labels:
    qcloud - app: hpa - openzipkin
  name: hpa - openzipkin
spec:
  maxReplicas: 2
  metrics:
  - pods:
      metricName: k8s_pod_cpu_core_used
      targetAverageValue: "2"
    type: Pods
  minReplicas: 1
  scaleTargetRef:
    apiVersion: apps/v1beta2
    kind: Deployment
    name: openzipkin
```

这个脚本中，水平自动伸缩管理的名字设为 hpa-openzipkin，关联的容器为 openzipkin，自动伸缩管理的触发条件为占用的 CPU 数量，最大副本数设为 2。

因为 Zipkin 服务包含页面访问的 UI 组件，所以为了提供浏览器页面访问的功能，需要为其创建相关的服务。首先，在 TKE 的容器集群管理控制台中，新建一个类型为 Service 的服务，编排脚本如下所示。

```
apiVersion: v1
kind: Service
metadata:
  name: service-openzipkin
spec:
  type: NodePort
  ports:
    - port: 9411
      targetPort: 9411
  selector:
    app: openzipkin
```

这个脚本中，设置服务名称为 service-openzipkin，关联工作负载为 openzipkin，并将服务端口类型设置为 NodePort，表示将使用内部网络通信，然后再为其配置相关的 Ingress 代理服务。

基于服务 service-openzipkin，新增一个类型为 Ingress 的代理服务，编排脚本如下所示。

```
apiVersion: extensions/v1beta1
kind: Ingress
metadata:
  name: ingress-openzipkin
spec:
  rules:
  - host: openzipkin.demo.com
    http:
      paths:
      - backend:
          serviceName: service-openzipkin
          servicePort: 9411
```

这个脚本中，设定服务名字为 ingress-openzipkin，关联后端服务为 service-openzipkin，并为服务配置一个域名为 openzipkin. demo. com。

创建部署之后，在 TKE 容器管理控制台中查看生成的转换端口号和 VIP，然后在编辑 ingress-openzipkin 时新建一个 HTTP 监听器，使用 80 端口，接着在后端服务绑定中选择所有节点，将节点的端口设置为转换端口号。完成上面配置之后，在域名管理中，为上面域名配置一个 A 记录，指向生成的 VIP。

完成部署之后，即可使用如下链接，通过浏览器查看页面。

```
http://openzipkin.demo.com
```

如果实例应用已经运行，并且有一些调用操作，那么打开页面即可查看服务之间的访问调用情况，如图 7-9 所示。

但是，链路跟踪轨迹必须经过分析过滤才能正常查看。可以使用开源工具 zipkin-

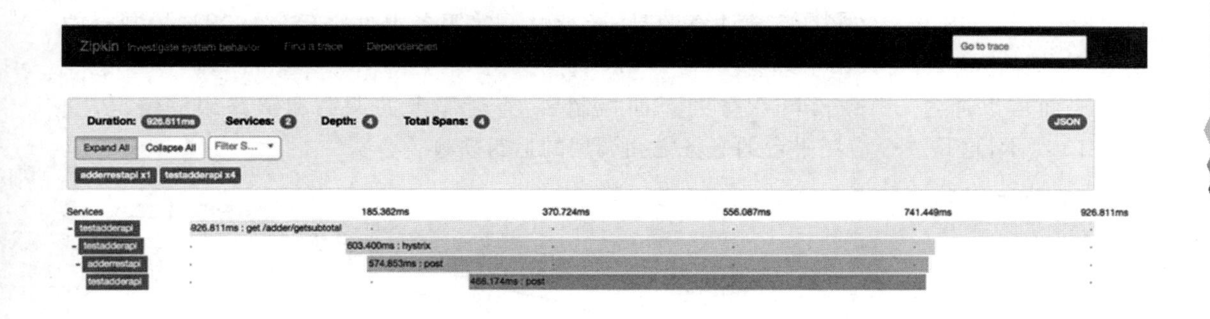

图 7-9　链路跟踪服务之间的调用情况

dependencies，定期对日志信息分析处理。它是一个专门分析处理 Zipkin 跟踪日志的服务组件。需要注意的是，这个组件不能部署为定时任务，因为 zipkin-dependencies 服务每执行一次分析处理之后，就会自动关闭，如果使用定时任务，可能会产生冲突事件。所以，对于这个服务，使用正常的应用发布方法进行编排部署。当其服务关闭之后，K8s 会检测到服务异常，并且尝试对服务进行重启。服务重启之后，再次执行日志分析，分析完成之后关闭服务，如此循环下去。这样就可以实现实时分析。

在 TKE 容器集群管理中，新建一个工作负载，选择类型为 Deployment，编排脚本如下所示。

```
apiVersion: apps/v1beta1
kind: Deployment
metadata:
  name: zipkin-dependencies
spec:
  replicas: 1
  template:
   metadata:
    labels:
     app: zipkin-dependencies
   spec:
    containers:
      - name: zipkin-dependencies
        image: openzipkin/zipkin-dependencies
        imagePullPolicy: IfNotPresent
        env:
        - name: "STORAGE_TYPE"
          value: "elasticsearch"
        - name: "ES_HOSTS"
          value: "http://10.0.255.96:9200"
```

这个脚本中，服务名称设置为 zipkin-dependencies，公共镜像版本使用 openzipkin/zipkin-dependencies，在环境变量中配置存储方式为 elasticsearch，其服务的链接地址为

http://10.0.255.96:9200。需要注意的是，运行过一次服务组件之后，在 TKE 控制台中会看到其异常状态，可以不予理会。

下面可以通过 openzipkin 服务的页面控制台，查看服务的调用和链路跟踪情况，如图 7-10 所示，这是一个应用平台的服务之间调用的运行轨迹。

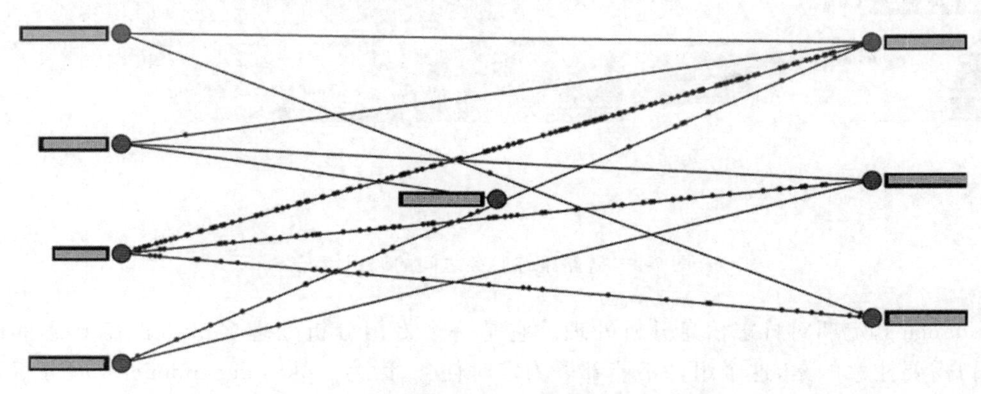

图 7-10 链路跟踪服务调用线路及轨迹图表

如果图 7-9 中出现红框，或者图 7-10 中出现红点，就说明应用之间的调用过程中有异常情况发生。

7.6 小结

所有应用部署的编排脚本都保存在项目 arrange 中。其中，域名及其 SSL 证书密钥可以根据实际的使用情况进行更改。脚本在 TKE 控制台上发布之后，会被增加一些日期和状态信息，更新脚本时可以不用理会这些状态信息。可以在控制台上通过更改镜像版本号更新部署，也可以直接删除原来的部署，修改脚本后重新发布。为了加快读取镜像的速度，最好将镜像仓库与 TKE 集群节点安排在同一个局域网中，然后在各个节点上设置 hosts，将镜像的域名配置为局域网的内部地址。

第8章

快速迭代与自动化构建

快速迭代与自动化构建是云原生中的DevOps和持续交付的一种实现方法。DevOps(Development与Operations)是指IT产品在开发、运营的过程中,强调开发、运营和质量保证等部门进行沟通和协作,通过提高技术的敏捷开发能力,落实持续交付和持续部署(CI/CD)的工作流程,实现快速迭代的目标,从而在产品更新的过程中,尽力减少其影响的范围,在保证质量的基础上,保证系统平台的稳定和持续发展。本书只从技术上使用DevOps的一些管理方法,即通过容器化、快速部署和自动化构建等方法实现快速迭代的目标。

在前面章节的讲解中,容器化、K8s部署以及实现开发环境与生产环境一致化等工作都是DevOps在技术上的一些实现措施。本章将结合GitLab和Nexus等代码管理工具以及Jenkins自动构建工具,实现自动部署的工作流程,从而在开发运维一体化中实现部署的自动化。

8.1 代码仓库与团队开发

代码仓库不但要适合团队的协作开发,同时也要支持自动部署,这里推荐结合使用GitLab和Nexus私服仓库。下面将使用docker-compose工具快速安装相关工具。

假设有一台虚拟机,它的局域网地址为172.16.0.7,配置两个双核CPU、8GB内存和500GB硬盘,并且已经安装Docker引擎和docker-compose等相关工具。首先,在虚拟机中创建如下目录,分别用来存放各个工具的相关配置和数据文件。

```
mkdir /usr/local/docker/gitlab -p
mkdir /usr/local/docker/nexus -p
mkdir /usr/local/docker/nginx -p
```

然后切换到/usr/local/docker/gitlab目录下,创建一个docker-compose.yml文件,编

辑如下内容。

```
version: '3'
services:
  gitlab:
    image: 'twang2218/gitlab-ce-zh:9.4'
    restart: unless-stopped
    hostname: 'gitlab.demo.com'
    environment:
      TZ: 'Asia/Shanghai'
      GITLAB_OMNIBUS_CONFIG: |
        external_url 'http://gitlab.demo.com'
        gitlab_rails['time_zone'] = 'Asia/Shanghai'
    ports:
      - '9180:80'
    volumes:
      - /usr/local/docker/gitlab/config:/etc/gitlab
      - /usr/local/docker/gitlab/data:/var/opt/gitlab
      - /usr/local/docker/gitlab/logs:/var/log/gitlab
```

这个脚本中,GitLab的镜像版本使用twang2218/gitlab-ce-zh: 9.4,将Gitlab服务的域名设为gitlab.demo.com,在端口配置中设置宿主为9180,容器为80,然后将GitLab的配置文件、数据文件、日志文件等都关联到宿主机器的/usr/local/docker/gitlab目录中,这样可以保证即使容器删除,代码库的相关数据还能得到有效的保存。

在当前目录中使用如下指令即可启动GitLab服务。

```
docker-compose up -d
```

启动成功之后,就已经完成GitLab的安装。

下面说明安装Nexus私服仓库的方法。切换到目录/usr/local/docker/nexus,创建一个docker-compose.yml文件,编辑如下内容。

```
version: "3.7"
services:
  nexus:
    restart: "no"
    image: sonatype/nexus3
    container_name: nexus
    ports:
      - 8081:8081
    volumes:
      - /usr/local/docker/nexus/data:/nexus-data
```

这个脚本中,镜像版本使用sonatype/nexus3,容器命名为nexus,宿主与容器端口均设为8081,并将nexus的数据目录关联到宿主机器的/usr/local/docker/nexus/data中,以同步保存容器的数据。

在当前目录中使用如下指令启动 Nexus 私服服务。

```
docker - compose up - d
```

启动成功之后，表明 Nexus 服务已经完成安装。

下面安装一个 Nginx 代理服务。切换到目录/usr/local/docker/nginx 中，首先创建一个 Nginx 服务的配置文件，文件名称设为 nginx. conf，在文件中编辑如下内容。

```
worker_processes auto;

events {
    worker_connections 1024;
}


http {
    include /etc/nginx/mime.types;
    default_type application/octet - stream;
    log_format main '$remote_addr - $remote_user [$time_local] "$request" '
                    '$status $body_bytes_sent "$http_referer" '
                    '"$http_user_agent" "$http_x_forwarded_for"';
    #access_log /var/log/nginx/access.log main;
    sendfile        on;
    keepalive_timeout 60;
    include /etc/nginx/conf.d/*.conf;

    # gitlab
    server {
    listen          80;
    server_name gitlab.demo.com;
    client_max_body_size 50M;

    location / {
            proxy_pass http://172.16.0.7:9180/;
                proxy_redirect off;
                proxy_set_header Host $host;
                proxy_set_header X - Real - IP $remote_addr;
                proxy_set_header X - Forwarded - For
                $proxy_add_x_forwarded_for;
        }
    }

    # nexus
    server {
    listen          80;
    server_name nexus.demo.com;
    client_max_body_size 50M;
```

```
        location / {
                proxy_pass http://172.16.0.7:8081/;
                    proxy_redirect off;
                    proxy_set_header Host  $ host;
                    proxy_set_header X - Real - IP  $ remote_addr;
                    proxy_set_header X - Forwarded - For
                     $ proxy_add_x_forwarded_for;
                }
        }
}
```

这个配置中，配置 GitLab 域名为 gitlab. demo. com，将它关联到虚拟机的内网 IP 地址和端口 9180，同时配置 Nexus 域名为 nexus. demo. com，并关联虚拟机的内网 IP 地址和端口 8081。在域名管理中，为这两个域名分别增加一条 A 记录，都指向这个虚拟机的外网 IP 地址。

在当前目录中，再创建一个 docker-compose. yml 文件，编辑如下内容。

```
nginx:
    image: nginx
    ports:
        - '80:80'
    volumes:
        - "/etc/localtime:/etc/localtime:ro"
        - '/usr/local/docker/nginx/nginx.conf:/etc/nginx/nginx.conf:ro'
        - '/usr/local/docker/nginx/conf.d:/etc/nginx/conf.d:ro'
        - '/usr/local/docker/nginx/www:/usr/share/nginx/html:ro'
        - '/usr/local/docker/nginx/log:/var/log/nginx'
    restart: always
```

这个脚本中，镜像版本使用 nginx，开放宿主机器的 80 端口服务，同时在路径映射中使用了上面创建的配置文件。

在当前目录中使用如下指令启动 Nginx 服务。

```
docker - compose up  - d
```

启动成功之后，说明 Nginx 服务已经完成安装。如果上述三个服务都正常启动，并且已经配置了域名的指向，那么可以开始使用。

使用如下链接打开 gitlab 代码仓库。

```
http://gitlab.demo.com
```

首次使用以 root 用户登录并设置密码，然后为开发人员创建用户。

Nexus 私服仓库可先在浏览器中使用如下链接打开。

```
http://nexus.demo.com
```

然后使用管理员的用户名 admin 和密码 admin123 登录系统。登录之后，可以创建一个开发者用户，如使用用户名 nexususer 和密码 user12345，并指定使用私域仓库的相关权限。

如果在应用项目的 Maven 配置中使用私服仓库 Nexus，可以按如下步骤实现。首先，在开发工具使用的 Maven 配置文件 settings.xml 中，增加如下配置项。

```
<!-- maven conf -->
<servers>
    <server>
        <id>nexus</id>
        <username>nexususer</username>
        <password>user12345</password>
    </server>
</servers>
```

该配置为 Maven 项目管理工具配置使用 Nexus 私服仓库的用户名和密码。

然后在 Maven 项目工程的根目录的项目对象模型 pom.xml 中，增加如下配置项。

```
    <repositories>
        <repository>
            <id>nexus</id>
            <url>http://nexus.demo.com/repository/maven-public/</url>
            <releases>
                <enabled>true</enabled>
            </releases>
            <snapshots>
                <enabled>true</enabled>
            </snapshots>
        </repository>
    </repositories>

    <distributionManagement>
        <repository>
            <id>nexus</id>
            <name>Nexus Release Repository</name>
            <url>http://nexus.demo.com/repository/maven-releases/</url>
        </repository>
        <snapshotRepository>
            <id>nexus</id>
            <name>Nexus Snapshot Repository</name>
            <url>http://nexus.demo.com/repository/maven-snapshots/</url>
        </snapshotRepository>
    </distributionManagement>
```

这个配置将 Nexus 的公共仓库 maven-public、快照仓库 maven-snapshots 和发行版仓库 maven-releases 都开放为项目使用。

使用 Nexus 的私服仓库之后，对于开发的一些模块的公共包，可以使用如下指令进行分享。

```
mvn deploy
```

或者在开发工具中使用 Maven 项目管理工具进行发布。图 8-1 是使用 IDEA 开发工具的操作方法。

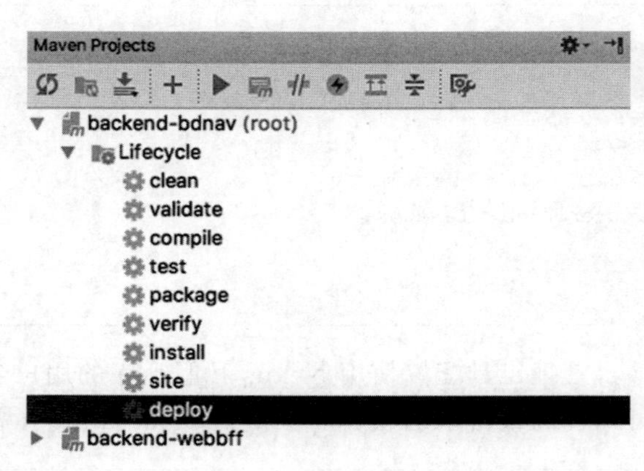

图 8-1 发布项目 Jar 包到私服仓库中

后续将结合使用 GitLab 代码库和 Jenkins 自动构建工具，演示通过程序更新实现自动构建的工作流程。

8.2 Jenkins 自动部署

Jenkins 是一个开源的自动化服务器，提供了丰富的插件库，可以支持任何项目的构建、部署和自动化构建。

对于一个自动构建的工作流程，需要执行如下步骤。

◇ 应用项目代码更新后，提交到 Gitlab 代码仓库中。

◇ 通过 Gitlab 触发一个 Web 钩子事件，推送更新事件到 Jenkins 中。

◇ Jenkins 接收到事件通知之后，启动构建任务，按任务配置可以执行拉取最新代码、打包程序、创建镜像、更新部署等操作。

◇ 构建完成之后，根据需要可以增加后续操作，如清理现场、发送邮件通知等。

下面将从 Jenkins 安装、系统配置和自动部署等方面进行详细说明。

8.2.1 Jenkins 安装与配置

如果在 TKE 容器集群的环境中使用自动部署功能，必须将 Jenkins 安装在 TKE 集群的一个工作节点上。在安装 Jenkins 之前，必须在当前主机上准备好 Git、Maven 和 Docker 等工具，这些工具可以从各自的官方网站中下载和安装，这里不再说明。

Jenkins 的安装方法可按其官方网站的文档指引进行。针对不同的操作系统，选择下载对应的安装包。对于 TKE 的容器集群节点，应该选择 CentOS 操作系统。通过如下链接打开 Jenkins 网站的安装说明文档，如图 8-2 所示。

```
https://www.jenkins.io/doc/book/installing/linux/#red-hat-centos
```

图 8-2　在 CentOS 安装 Jenkins 方法

这里选择使用 Jenkins 稳定版，使用如下指令执行安装。

```
sudo wget -O /etc/yum.repos.d/jenkins.repo \
    https://pkg.jenkins.io/redhat-stable/jenkins.repo
sudo rpm --import https://pkg.jenkins.io/redhat-stable/jenkins.io.key
sudo yum upgrade
sudo yum install jenkins java-1.8.0-openjdk-devel
sudo systemctl daemon-reload
```

安装完成之后，可以通过浏览器，使用默认的端口 8080 打开服务，然后根据提示执行用户解锁。解锁成功后，安装推荐的基本插件，如图 8-3 所示。

接着创建一个管理员用户，在页面上重新登录系统。用户登录之后，将会进入主控面板，如图 8-4 所示。

主控面板的左边是系统菜单，包含新建 Item、用户列表、构建历史、系统管理（Manage Jenkins）等操作。为了实现自动构建功能，还需要安装一些插件。选择系统管理（Manage Jenkins）选项，然后选择“可选插件”页面，如图 8-5 所示。

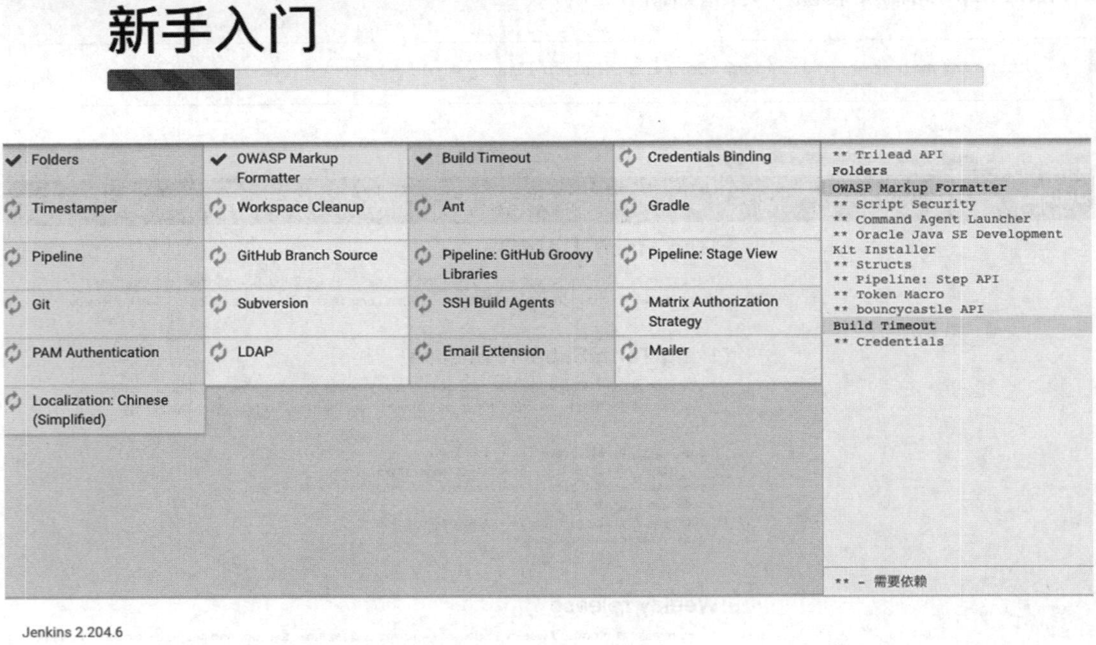

图 8-3 Jenkins 基础插件安装

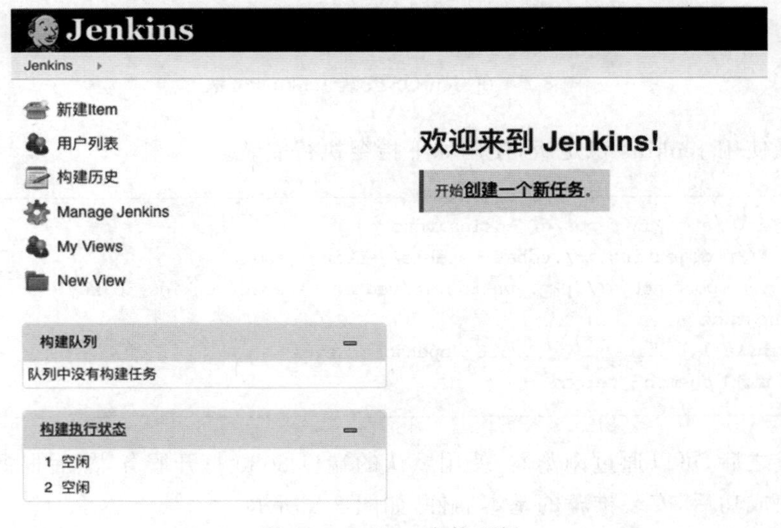

图 8-4 Jenkins 主控面板

在右上角的过滤器中输入"gitlab"进行搜索，在搜索出来的结果中，勾选 GitLab 和 Gitlab Hook 两个插件，单击"直接安装"按钮进行安装。

再次回到"可选插件"页面，查找 maven，选择 Maven Invoker 插件，如图 8-6 所示。

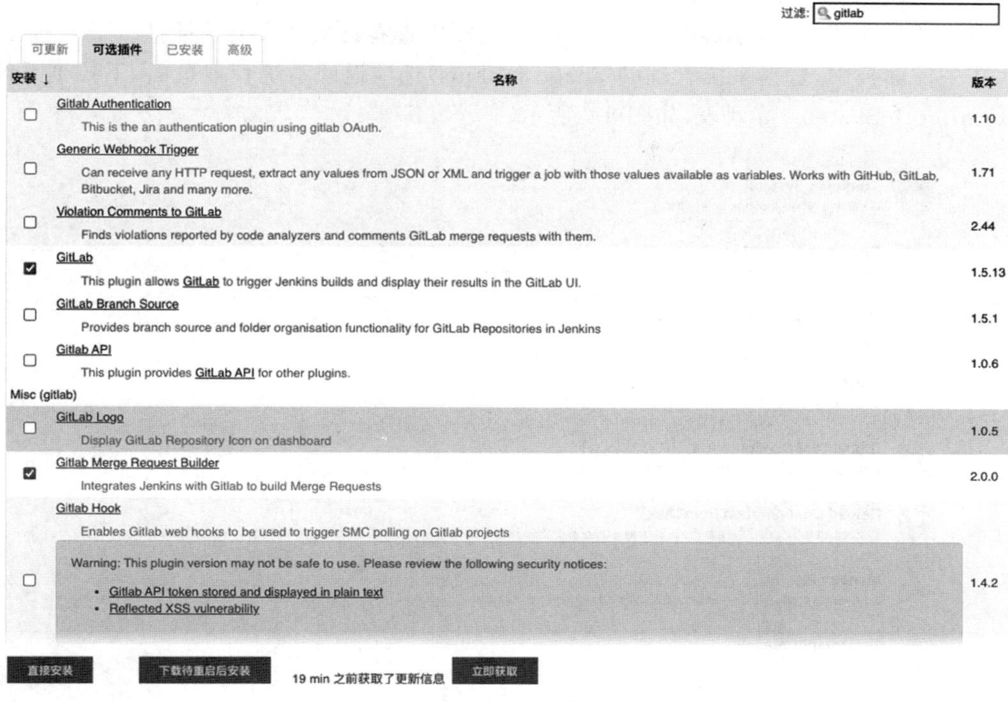

图 8-5　Jenkins 插件安装

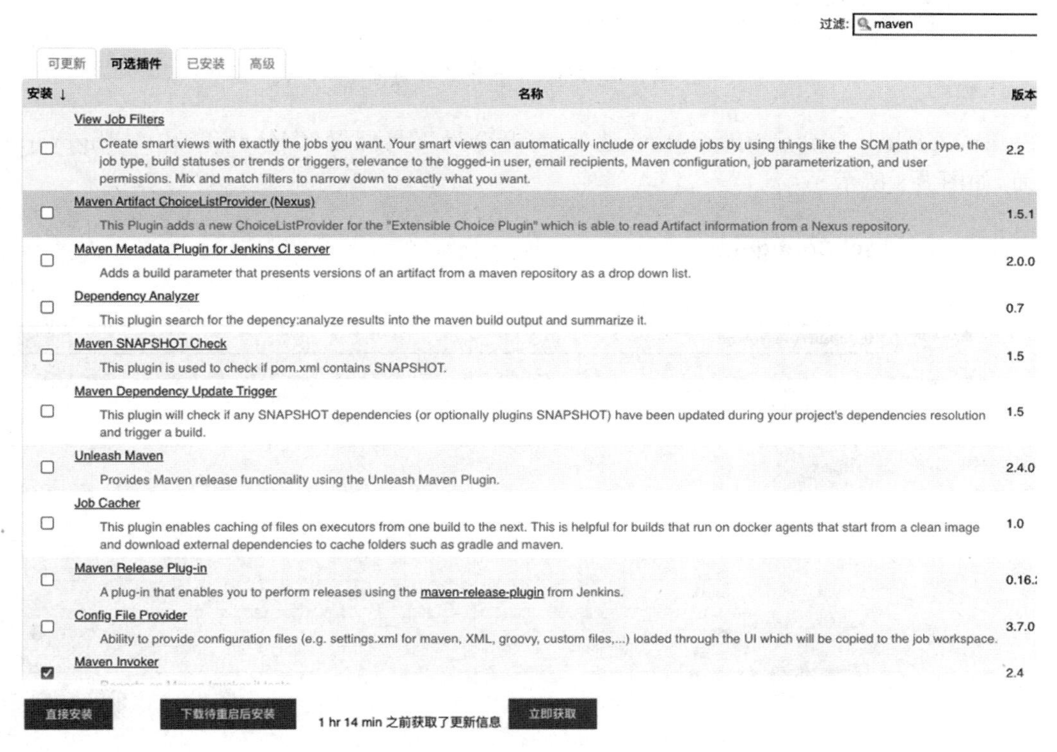

图 8-6　安装 Maven 插件

单击“直接安装”按钮进行安装。

上述插件安装完成之后，可以在“已安装”页面中查看已成功安装的插件。

在主控面板中，选择系统管理(Manage Jenkins)选项返回系统管理页面，下拉到系统配置(Configure System)等列表，如图 8-7 所示。

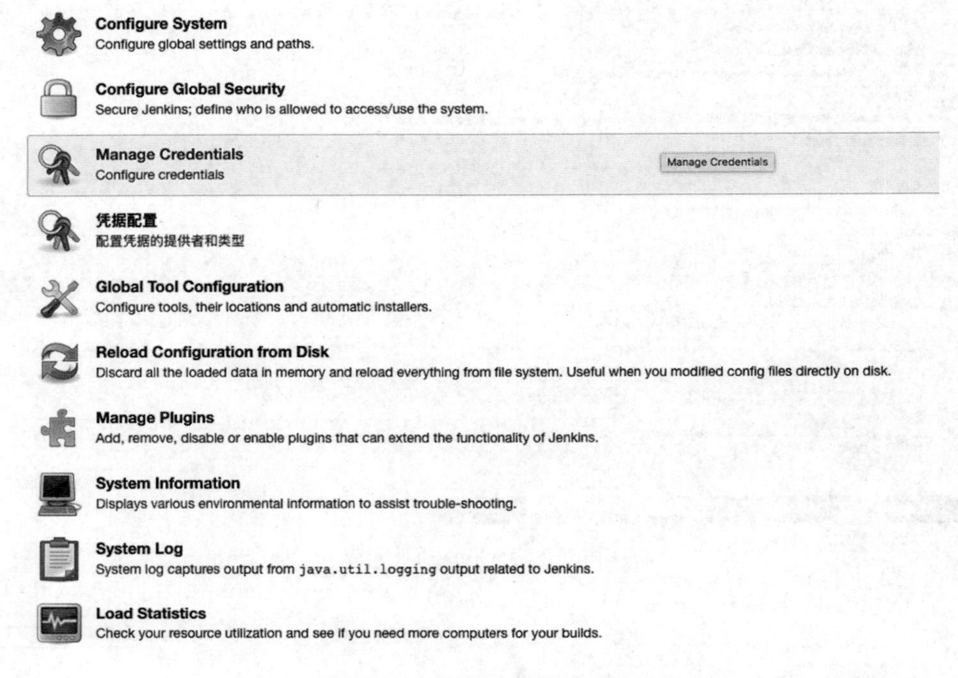

图 8-7　Jenkins 系统管理页面

单击 Global Tool Configuration 选项，打开全局工具配置(Global Tool Configuration)页面，如图 8-8 所示。

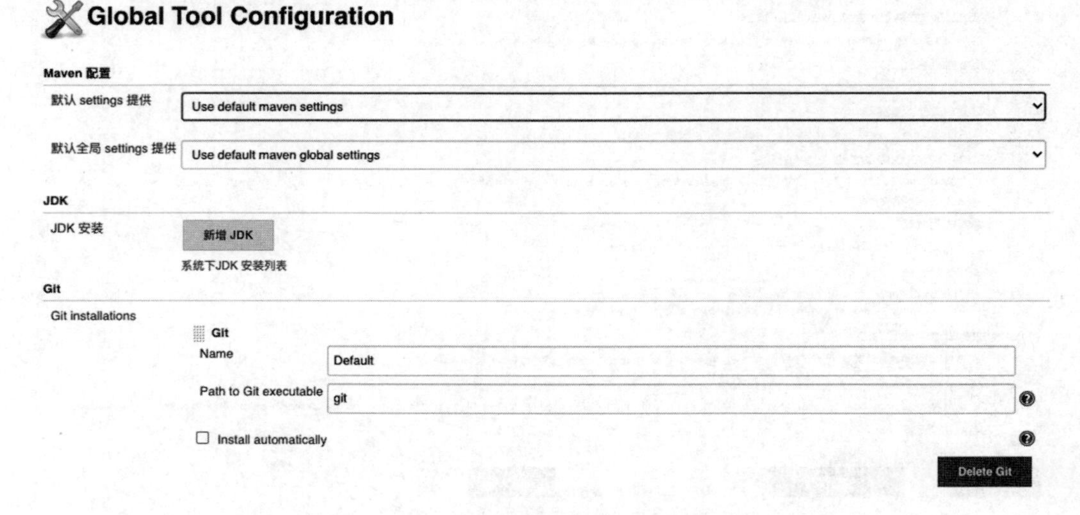

图 8-8　全局工具配置页面

在全局工具配置页面中，设置 Maven 引用的 settings. xml 配置文件。在“默认 settings 提供”和“默认全局 settings 提供”中，选择使用文件系统配置，设定 settings. xml 文件的位置和名称。然后，指定 reopsitory 的存放位置，并参照 8. 1 节配置 Nexus 用户名和密码。然后找到 Git 配置项，指定 Git 执行文件的位置，如图 8-9 所示。

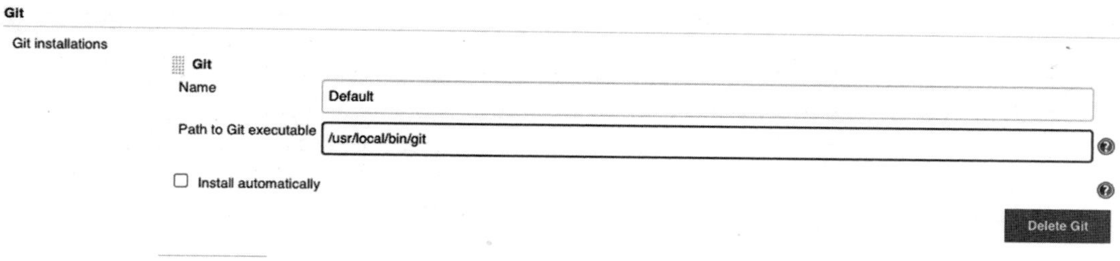

图 8-9 Git 执行文件配置

接下来，在“Maven 安装”中，单击“新增 Maven”按钮，如图 8-10 所示。

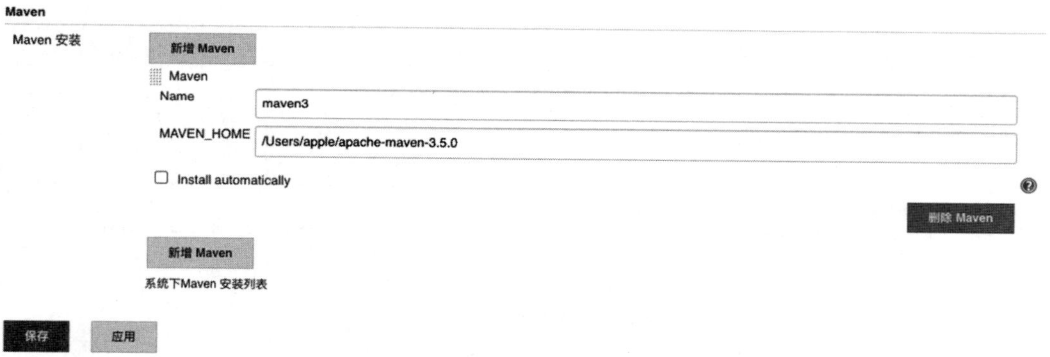

图 8-10 新增 Maven

在新增 Maven 配置中，取消勾选自动安装(Install automatically)复选框，然后在 Name 输入框中输入 Maven 的名称，这里输入“maven3”，在 MAVEN_HOME 输入框中输入主机已经解压的 Maven 程序路径，单击“保存”按钮进行保存并安装。

当插件和工具的安装配置都完成之后，即可开始创建自动部署的流程。

8.2.2 结合 GitLab 实现自动部署

下面使用实例项目 front-spring 演示创建一个自动部署任务的流程。在项目根目录中创建一个 docker 文件夹，在这个文件夹中创建一个 Dockerfile 文件和一个版本信息文件 version. txt。Dockerfile 文件的内容如下所示。

```
FROM java:8
VOLUME /tmp
ADD front - spring - 1.0.0 - SNAPSHOT.jar app.jar
```

```
RUN bash -c 'touch /app.jar'
RUN /bin/cp /usr/share/zoneinfo/Asia/Shanghai /etc/localtime \
    && echo 'Asia/Shanghai'>/etc/timezone
EXPOSE 8082
ENTRYPOINT ["java","-Djava.security.egd=file:/dev/./urandom","-jar","/app.jar"]
```

这是一个用来创建镜像的文件。

版本信息文件 version.txt 的内容如下所示。

```
version=1.0.0
```

它可以用来设定镜像的版本。

在 Jenkins 主控面板上,单击"新建 Item"选项打开创建任务的页面,在页面最上方的输入框中输入"free-demo",然后选择构建一个自由风格(Freestyle project)的软件项目,如图 8-11 所示。

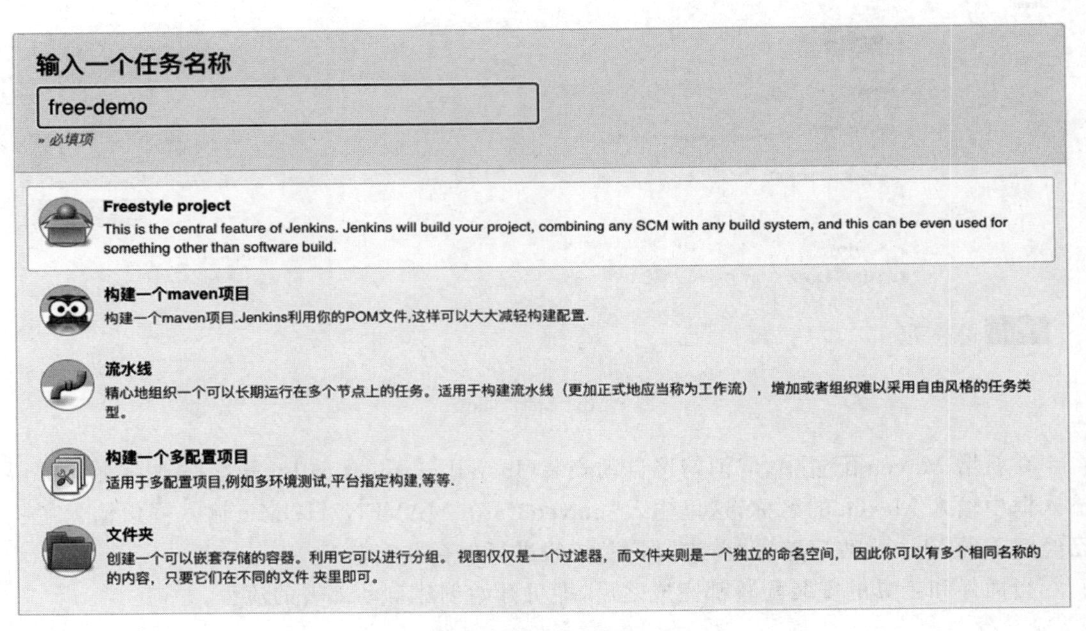

图 8-11 新建构建任务

创建构建任务之后,进入构建任务的管理页面。单击"源码管理"选项,选择 Git 单选按钮,然后输入项目 front-spring 在 GitLab 的提取路径,在指定分支中使用 */master,如图 8-12 所示。

在 Credentials 选项中单击"添加"按钮,打开增加用户对话框,如图 8-13 所示。输入用户名和密码,单击"添加"按钮,关闭对话框。再返回到图 8-12 中,选择新添加的用户。

这里使用项目的 master 分支进行自动构建的演示。在实际的开发管理中,可以再创建一个分支进行开发,开发完成之后,再将代码合并到 master 分支上,这样最终都使用 master 分支作为发布版本的一个分支。

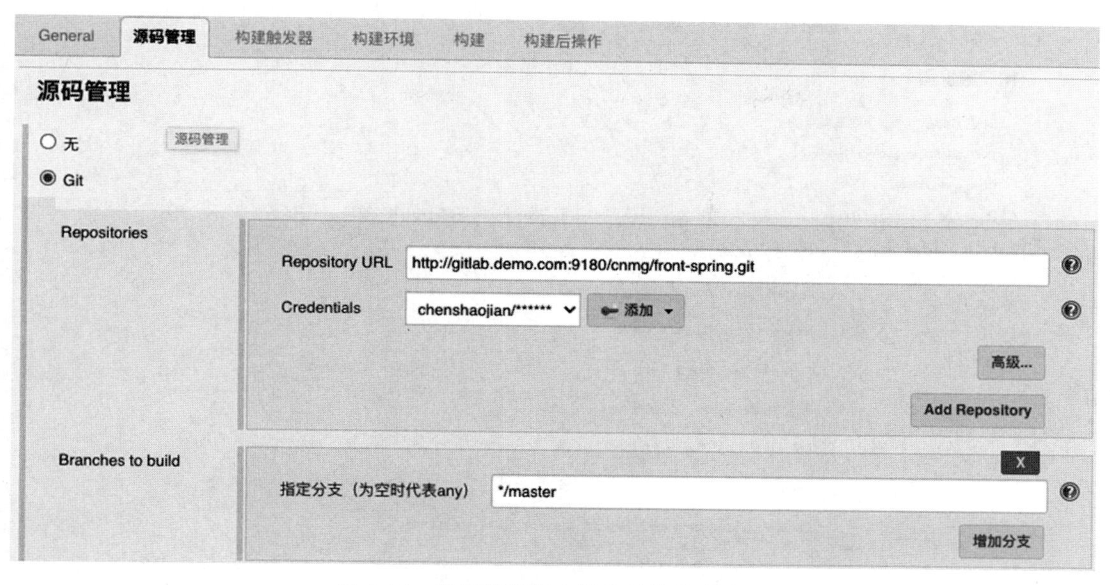

图 8-12　在源码管理中设定拉取代码配置

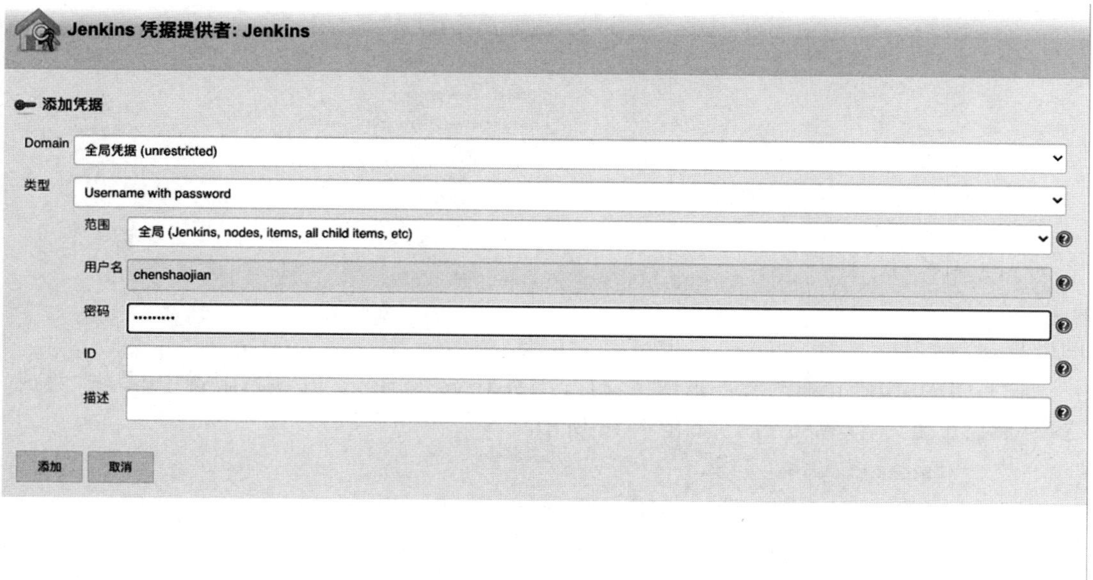

Jenkins 凭据提供者: Jenkins
添加凭据
Domain　全局凭据 (unrestricted)
类型　Username with password
范围　全局 (Jenkins, nodes, items, all child items, etc)
用户名　chenshaojian
密码　••••••••••
ID
描述
添加　取消

图 8-13　增加 GitLab 用户

在构建任务页面中，选择“构建触发器”选项卡，勾选 Build when a change is pushed to GitLab 复选框创建一个触发器，如图 8-14 所示。

GitLab webhook URL 为 http://192.168.0.104:8080/project/free-demo，这将用于后面 GitLab 的代码库配置。单击“高级”按钮，打开如图 8-15 所示的对话框。

选择 Allow all branches to trigger this job 单选按钮，然后单击 Generate 按钮，这时将生成一个 Secret token，复制这个生成的 Token，并转到 GitLab 的项目管理中进行触发事件

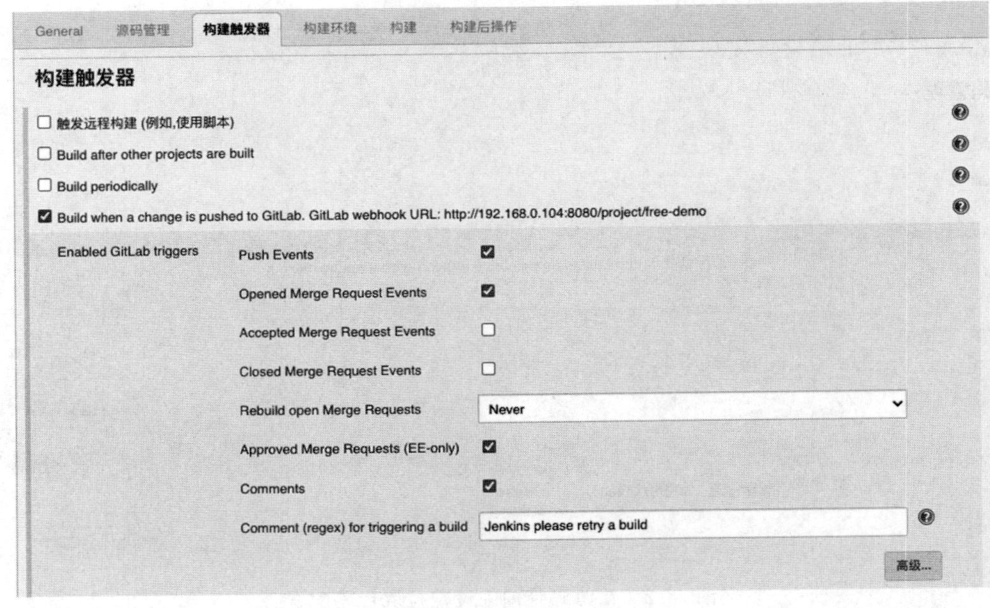

图 8-14　触发事件配置

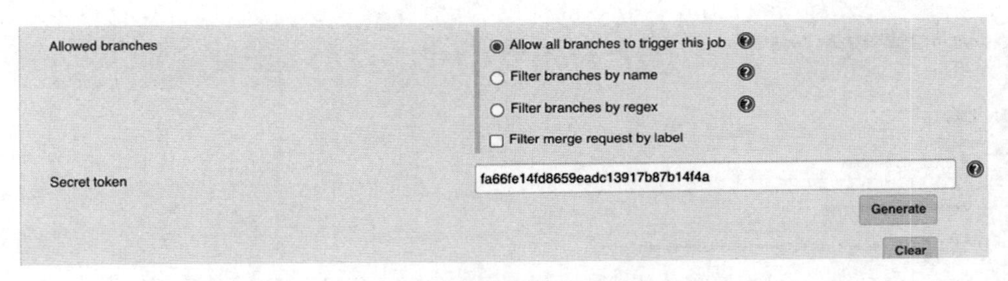

图 8-15　为触发事件生成 Token

的配置。

在 GitLab 代码仓库的管理页面中，打开项目 front-spring。在项目配置中，单击“集成”选项，然后配置一个 Web 钩子，如图 8-16 所示。

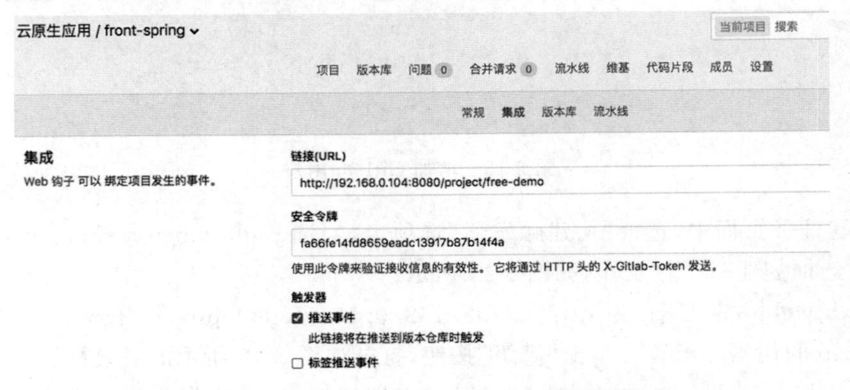

图 8-16　GitLab 中 front-spring 项目配置

将 Jenkins 触发事件配置中的 URL 和 Token 复制到链接（URL）和安全令牌中，并勾选触发器中的“推送事件”复选框。如果在本地测试，Jenkins 构建任务提供的 URL 包中含有 localhost，那么必须将其改为机器的局域网 IP 地址，否则会返回 404 错误。

接下来，单击“增加 Web 钩子”选项增加一个 Web 钩子，完成后如图 8-17 所示。

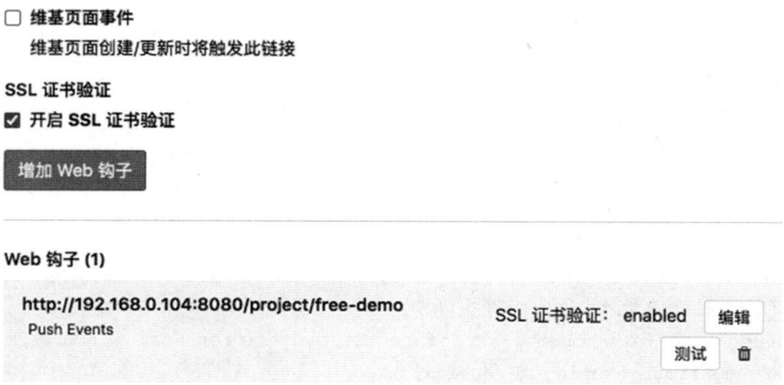

图 8-17　GitLab 中增加 Web 钩子

单击“测试”按钮，可以检查链接是否正常，如果运行正常，则返回 200，否则将返回错误，如图 8-18 所示。

图 8-18　Web 钩子测试

返回 Jenkins 的任务配置中，选择“构建”选项卡，然后在“Maven 版本”下拉菜单中选择安装的 Maven，在“目标”输入框中输入如下打包命令。

```
clean package
```

该指令表示先执行清除，然后执行打包操作。配置完成之后如图 8-19 所示。

图 8-19　Jenkins 任务构建环境配置

单击左下角“增加构建步骤”按钮，选择 Execute shell，在“命令”输入框中输入如下命令脚本。

```
  #切换到项目构建目录
  cd /var/lib/jenkins/workspace/front - demo/docker
  #复制 jar 包到构建目录中
  cp  - f ../target/front - spring - 1.0.0 - SNAPSHOT.jar .
  #读取版本配置
  source version.txt
  #创建新版本镜像
  sudo /usr/local/bin/docker build  - t
registry.demo.com/cnmg/front - spring: $ version .
  #将新建镜像推送到镜像仓库中
  sudo /usr/local/bin/docker push registry.demo.com/cnmg/front - spring: $ version
  #更新服务的镜像版本,执行部署更新
  sudo  /usr/local/bin/kubectl  set  image  deployment/frontspring  frontspring  =  registry.
demo.com/cnmg/front - spring: $ version
```

这个脚本使用 Maven 管理工具生成的 jar 包，根据指定的版本号创建镜像，然后将镜像推送到镜像仓库中，使用 K8s 的指令 kubectl 执行服务 frontspring 的版本更新。

操作完成之后如图 8-20 所示。

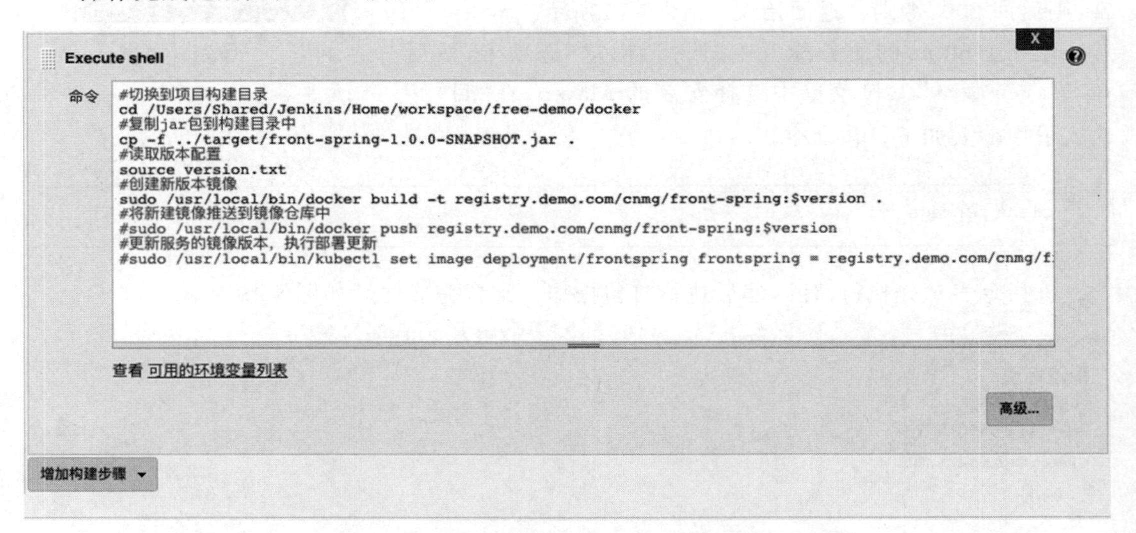

图 8-20　使用 Execute shell 配置命令脚本

因为是在本地中进行测试，所以命令脚本的项目路径与在生产环境中有些不同，脚本执行完成只创建了一个本地镜像，忽略推送镜像和更新部署的指令。

下面配合 GitLab 执行自动部署的功能。首先，在项目 front-spring 中，将 version.txt 中的版本号由 1.0.0 改为 1.2.0，然后提交更新，如图 8-21 所示。

返回 Jenkins 的任务管理页面，可以在 Jenkins 的任务视图中看到已经有构建任务开始执行，如图 8-22 所示。

任务执行完成之后，可以查看其控制台的日志输出，如图 8-23 所示。

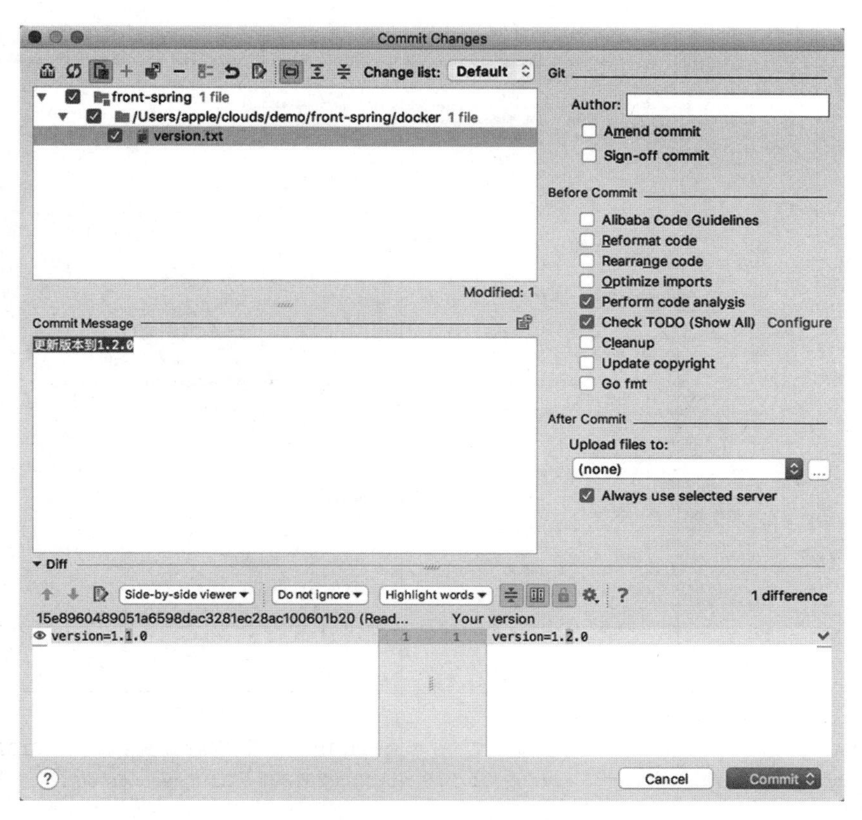

图 8-21　提交代码更新

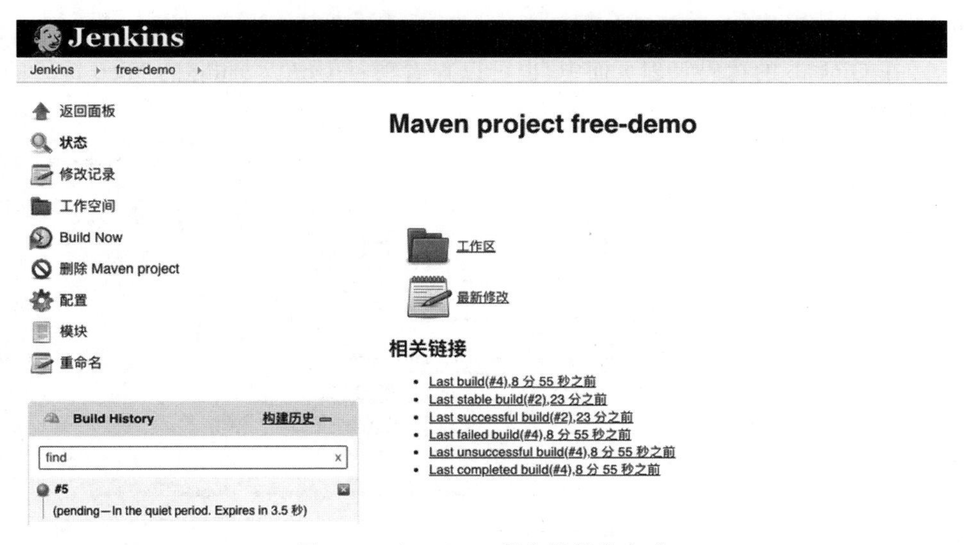

图 8-22　free-demo 任务被触发启动

可以看到，任务已经执行成功，创建了一个镜像为 registry.demo.com/cnmg/front-spring：1.2.0。可以在当前机器中查到已经创建的镜像，执行镜像查询之后的结果如下所示。

```
#5
SNAPSHOT.pom
[JENKINS] Archiving /Users/Shared/Jenkins/Home/workspace/free-demo/target/front-spring-1.0.0-SNAPSHOT.jar to com.demo/front-
spring/1.0.0-SNAPSHOT/front-spring-1.0.0-SNAPSHOT.jar
channel stopped
[free-demo] $ /bin/sh -xe /Users/Shared/Jenkins/tmp/jenkins3699426423286593455.sh
+ cd /Users/Shared/Jenkins/Home/workspace/free-demo/docker
+ cp -f ../target/front-spring-1.0.0-SNAPSHOT.jar .
+ source version.txt
++ version=1.2.0
+ sudo /usr/local/bin/docker build -t registry.demo.com/cnmg/front-spring:1.2.0 .
Sending build context to Docker daemon  61.03MB

Step 1/7 : FROM java:8
 ---> d23bdf5b1b1b
Step 2/7 : VOLUME /tmp
 ---> Using cache
 ---> e61a7451339f
Step 3/7 : ADD front-spring-1.0.0-SNAPSHOT.jar app.jar
 ---> 8b5837ed4884
Step 4/7 : RUN bash -c 'touch /app.jar'
 ---> Running in 04d3cba809bc
Removing intermediate container 04d3cba809bc
 ---> 8e93677691e3
Step 5/7 : RUN /bin/cp /usr/share/zoneinfo/Asia/Shanghai /etc/localtime     && echo 'Asia/Shanghai' >/etc/timezone
 ---> Running in 34f2bbde65c0
Removing intermediate container 34f2bbde65c0
 ---> 0c4766795d52
Step 6/7 : EXPOSE 8082
 ---> Running in 25aac842917b
Removing intermediate container 25aac842917b
 ---> 5035df2bdd56
Step 7/7 : ENTRYPOINT ["java","-Djava.security.egd=file:/dev/./urandom","-jar","/app.jar"]
 ---> Running in 687ba0852e6b
Removing intermediate container 687ba0852e6b
 ---> bb52f828188f
Successfully built bb52f828188f
Successfully tagged registry.demo.com/cnmg/front-spring:1.2.0
Finished: SUCCESS
```

图 8-23 构建任务输出日志

```
$ docker images
REPOSITORY                             TAG     IMAGE ID       CREATED          SIZE
registry.demo.com/cnmg/front-spring   1.2.0   bb52f828188f   23   seconds ago
765MB
```

可以看出，已经成功创建了镜像 front-spring：1.2.0。

另外，在 GitLab 的代码管理页面中，也可以查看项目 front-spring 的 Web 钩子的事件日志，如图 8-24 所示。

```
"project_id": 1,
"project": {
  "name": "front-spring",
  "description": "",
  "web_url": "http://gitlab.demo.com/cnmg/front-spring",
  "avatar_url": null,
  "git_ssh_url": "git@gitlab.demo.com:cnmg/front-spring.git",
  "git_http_url": "http://gitlab.demo.com/cnmg/front-spring.git",
  "namespace": "云原生应用",
  "visibility_level": 0,
  "path_with_namespace": "cnmg/front-spring",
  "default_branch": "master",
  "ci_config_path": null,
  "homepage": "http://gitlab.demo.com/cnmg/front-spring",
  "url": "git@gitlab.demo.com:cnmg/front-spring.git",
  "ssh_url": "git@gitlab.demo.com:cnmg/front-spring.git",
  "http_url": "http://gitlab.demo.com/cnmg/front-spring.git"
},
"commits": [
  {
    "id": "2f8ddf0043b675e50a990eb03d7ad8e27d0ba90a",
    "message": "更新版本到1.2.0\n",
    "timestamp": "2020-10-31T10:39:31+08:00",
    "url": "http://gitlab.demo.com/cnmg/front-spring/commit/2f8ddf0043b675e50a990eb03d7ad8e27d0ba90a",
    "author": {
      "name": "chenfromsz",
      "email": "mrcsj@tom.com"
    },
    "added": [

    ],
    "modified": [
      "docker/version.txt"
    ],
    "removed": [

    ]
  }
],
"total_commits_count": 1,
```

图 8-24 GitLab 项目 Web 钩子事件日志

可以看出，在“更新版本到 1.2.0”的代码更新事项中触发了一个 Web 钩子事件。

在构建任务配置中，还可以根据需要，将构建任务执行的最后结果以邮件方式通知运维人员。如果需要进行相关配置，可以切换到“构建后操作”页面进行配置，如图 8-25 所示。

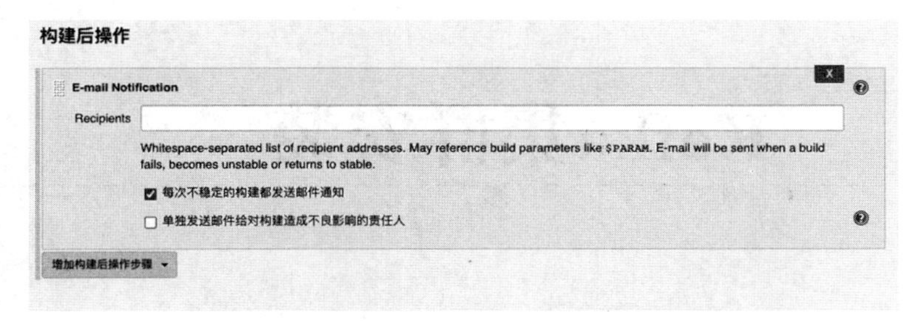

图 8-25　Jenkins 构建任务的邮件通知配置

8.3　小结

在应用开发的过程中，自动化构建的方法可以加快应用部署和更新的流程，从而提高快速部署的速度。对于一个商用的应用平台，更新和迭代最好不要累积所有需求，使用阶段性更新的方法实现整体的更新和迭代，而应该根据需求变化、发展的阶段，实现小范围更新，减少更新引起的风险，尽力降低每一个应用项目的更新对整个系统平台的影响，以保证系统平台的可靠性和稳定性，从而更加有效地促进平台的持续发展。

附录A

Kafka集群安装

下面使用三台安装了 CentOS 7 的虚拟机安装一个 Kafka 集群。

假设 A、B 和 C 三台主机的 IP 地址分别为 172.16.0.31、172.16.0.32 和 172.16.0.33。

A.1 互免密访问配置

在三台主机上配置互免密访问。例如，登录主机 B，进入/root/.ssh 文件夹，执行如下指令生成公钥和私钥。

```
ssh-keygen -t rsa
```

然后，使用如下指令将生成的公钥复制到主机 A 中。

```
scp id_rsa.pub root@172.16.0.31:/home
```

再登录主机 A，将 B 的公钥追加进本机的 authorized_keys 文件中，命令如下：

```
cat /home/id_rsa.pub >> /root/.ssh/authorized_keys
```

接着，更改 authorized_keys 文件的权限，命令如下：

```
chmod 600 /root/.ssh/authorized_keys
```

现在就可以从主机 B 中使用 ssh 免密登录主机 A，命令如下：

```
ssh 172.16.0.31
```

依照上述方法配置，三台主机之间都可以实现免密登录。

A.2　安装 JDK 工具

三台主机都需要安装 JDK 1.8。首先，使用如下指令安装 JDK。

```
yum install java-1.8.0-openjdk -y
```

然后安装 JPS 工具，命令如下：

```
yum install java-1.8.0-openjdk-devel.x86_64
```

接着，配置 JAVA_HOME，命令如下：

```
vim /etc/profile
```

在文件末尾加入如下命令。

```
export JAVA_HOME=/etc/alternatives/jre_1.8.0_openjdk
export PATH=$PATH:$JAVA_HOME
```

最后使配置立即生效，命令如下：

```
source /etc/profile
```

A.3　禁用防火墙

在三台主机中执行如下指令禁用防火器。

```
systemctl stop firewalld.service
systemctl disable firewalld.service
```

A.4　安装配置 ZooKeeper

在三台主机中执行以下操作安装配置 ZooKeeper。
首先，使用如下指令下载安装包。

```
wget https://mirrors.cnnic.cn/apache/zookeeper/zookeeper-3.4.14/zookeeper-3.4.14.
tar.gz
```

接着，使用如下命令解压安装包。

```
tar xvf zookeeper-3.4.14.tar.gz
```

将解压出来的文件夹移到以下路径。

```
/usr/zookeeper
```

然后编辑 hosts 文件，命令如下：

```
vim /etc/hosts
```

接着，加入如下内容。

```
172.16.0.31 server-1
172.16.0.32 server-2
172.16.0.33 server-3
```

然后编辑 zoo.cfg，命令如下：

```
vim /usr/zookeeper/conf/zoo.cfg
```

添加如下内容。

```
dataDir=/usr/zookeeper/data
dataLogDir=/usr/zookeeper/data/logs

server.1=server-1:2888:3888
server.2=server-2:2888:3888
server.3=server-3:2888:3888
```

再创建 myid 文件，命令如下：

```
vim /usr/zookeeper/data/myid
```

在文件内容中输入主机对应的编号，A、B、C 三台主机的编号分别设定为 1、2、3。例如，对于主机 A，在文件内容中输入“1”。

使用如下指令启动 Zookeeper。

```
/usr/zookeeper/bin/zkServer.sh start
```

使用如下指令查看 Zookeeper 状态。

```
/usr/zookeeper/bin/zkServer.sh status
```

如果启动正常,即可看到类似如下信息。

```
ZooKeeper JMX enabled by default
Using config: /usr/zookeeper/bin/../conf/zoo.cfg
Mode: follower
```

A.5　安装 Kafka

在三台主机中使用如下方法安装 Kafka。

首先,使用如下指令下载安装包。

```
wget http://mirror.bit.edu.cn/apache/kafka/2.4.0/kafka_2.12-2.4.0.tgz
```

接着,使用如下命令解压文件。

```
tar xvf kafka_2.12-2.4.0.taz
```

将解压的文件夹移到以下路径中。

```
/usr/kafak
```

修改系统配置文件,命令如下:

```
vim /etc/profile
```

在文件后面加入如下内容。

```
export KAFKA_HOME=/usr/kafka
export PATH=$PATH:$JAVA_HOME/bin:$ZOOKEEPER_HOME/bin:KAFKA_HOME/bin
```

接着修改配置文件,命令如下:

```
vim /usr/kafka/config/server.properties
```

编辑如下内容。

```
broker.id=1
log.dirs=/usr/kafka/logs
zookeeper.connect=server-1:2181,server-2:2181,server-3:2181
```

```
listeners = PLAINTEXT://172.16.0.31:9092
advertised.listeners = PLAINTEXT://172.16.0.31:9092
```

根据不同主机的编号设定 broker.id，主机 A、B、C 分别为 1、2、3，其他内容相同。上面配置中使用主机 A 为监听器，在应用中只要连接主机 A 就可以连接 Kafka 集群。

A.6 启动 Kafka

按主机顺序 A、B、C 启动 Kafka，命令如下：

```
cd /usr/kafka/bin
./kafka-server-start.sh -daemon ../config/server.properties
```

执行 jps 查看 Java 进程，Kafka 启动成功后将可以看到类似如下结果。

```
# jps
4226 Kafka
17130 Jps
21002 QuorumPeerMain
```

A.7 集群验证

在一台主机中登录客户端，命令如下：

```
/usr/zookeeper/bin/zkCli.sh -server server-1:2181
```

使用如下指令查看：

```
ls /
ls /brokers/ids
```

如果输出如下内容，则说明集群运行正常。

```
[1, 2, 3]
```

A.8 Kafka 使用实例

在任一主机中配置消息队列主题，命令如下：

```
kafka-topics.sh --create --zookeeper 172.16.0.31:2181 --replication-factor 3 --
partitions 1 --topic k8s-logs
kafka-topics.sh --create --zookeeper 172.16.0.32:2181 --replication-factor 3 --
partitions 1 --topic zipkin
```

在任一主机上查看主题列表，命令如下：

```
kafka-topics.sh --list --zookeeper 172.16.0.33:2181
```

附录B

参考网站

1．云原生十二要素：https://12factor.net/。
2．Consul 官网：https://www.consul.io/。
3．Spring Cloud 官网：http://projects.spring.io/spring-cloud/。
4．gRPC 官网：https://grpc.io/。
5．JWT 官网：https://jwt.io/。
6．Vue.js 中文网站：https://cn.vuejs.org/。
7．webPack 中文网站：https://www.webpackjs.com/。
8．Docker 官方文档：https://docs.docker.com/。
9．Docker Compose：https://docs.docker.com/compose/。
10．Kubernetes 文档：https://www.kubernetes.org.cn/docs。
11．Jenkins 文档：https://jenkins.io/doc/。